法国经典甜品宝典

法国拉鲁斯出版社 编　郝　文 译

中国轻工业出版社

目 录

烘焙工具

LE MATÉRIEL DE LA PÂTISSERIE

在制作甜品前，首先必须准备好合适的工具。除了常用的厨房工具之外，还常常会用到一些比较特殊的器皿或工具。

基础工具

搅拌碗（盆）：通常需要大口径、较深的碗，因为需要足够的空间来使用搅拌器进行搅拌、揉面，或有足够的空间让面团醒发、膨胀。

不锈钢平底盆：分为不同的尺寸。这种材质的盆主要用来打发蛋清或者隔水加热巧克力、蛋液、酱汁等。

木勺：可用来搅拌。

木质刮刀：可用来脱模或涂抹奶油、酱汁等。

橡胶刮刀：用于将表面刮平，或者搅拌、涂抹等。

金属抹刀：刀面平整，用于抹平蛋糕表面涂抹的酱汁或镜面酱。

搅拌器：分为不同的尺寸。用来搅拌奶油或蛋液。

过滤盆：呈圆锥形，用于过滤酱汁、果酱或糖浆中的结块或杂质。

筛子：用于过滤面粉中的小结块或杂质。

多功能果蔬机：机身搭配一组网格刀片，除了可用来制作果酱和果泥，也常常用来去除部分水果的果皮和果核。

按压去核器：一种用于去除樱桃、李子等小型水果果核的工具。

苹果去核器：边缘光滑、锋利、呈圆柱形，可以在不破坏苹果果肉的情况下，从中心将果核去除。

刨丝器：可将柑橘等水果的果皮刨成细丝。

烘焙用具

擀面杖: 用于擀开面团。请尽量选择两端没有把手、木质(榉木)擀面杖,有助于双手用力均匀。

压花器: 通常是不锈钢或者塑料材质,有着不同的大小和形状,可用来制作各种形状的饼干或者装饰物。尽量选择切口较为锋利的压花器,避免压花时破坏面团本身的形状。

烤盘: 烤箱专用。推荐使用有防粘涂层的烤盘,方便日常使用和保养。

冷却架: 通常蛋糕脱模后,放置于冷却架上便于快速冷却。推荐使用有支架的冷却架,更利于散热。

烘焙石: 通常为金属或陶瓷质地,单独烘烤派皮或挞皮时,将其铺在表面,防止面皮在烤制过程中膨胀。若没有专门的烘烤石,可用干燥的豆子来代替。

裱花袋和裱花嘴: 是制作泡芙、装饰蛋糕的必备工具,可按需求将面糊挤成不同的形状。裱花嘴通常是不锈钢或者塑料材质,有多种形状和口径可供选择,以此制作出丰富多变的装饰物。

压边器: 可将面皮边缘压成花边。

花边滚轮刀: 可将面皮切成锯齿状。

厨房油刷: 用于给模具或面团涂抹黄油、蛋液等,或者在派皮边缘处刷一层果胶便于后续的黏合。

硫化纸: 通常被称为"烘焙纸",耐高温,可用于烤箱和微波炉,最高可耐220℃高温(烤箱7~8挡)。常用于铺入模具(此时可以不用在模具内涂黄油)或者铺在烤盘上,然后将蛋糕糊倒入模具进行烘烤,避免蛋糕粘在模具或者烤盘上。

铝箔纸: 将食物用铝箔纸包裹后放入烤箱进行烘烤(注意使用铝箔纸的哑光面接触食物),也可以用于给食物保温。

食品保鲜膜: 普通保鲜膜质地很薄,通常用于需要放入冰箱储存的食物保鲜和防止面团表面干燥。除此之外,还有一种微波炉保鲜膜,质地稍厚。

烘焙布: 防油、耐高温,最高可耐260℃高温(烤箱8~9挡)。用途与硫化纸一样,区别在于烘焙布可重复使用。质地柔软,可根据模具的形状大小,随意剪裁。使用时无须再在表面涂一层油,用后仅需使用潮湿的海绵擦拭便可清理干净。

计量工具

厨房秤: 配有一个称盆或称盘,称重范围为2~5千克。机械秤利用刻度盘上的指针来显示重量,每一个刻度表示5~10克。而电子秤则是将重量直接显示在屏幕上,精准到克。

量杯: 适用于不同形态物质的测量(液体、面粉、白砂糖、米等)。无论是塑料材质、玻璃材质还是不锈钢材质,建议选择带把手和喷嘴的量杯。

温度计: 烘焙过程中有时候需要用到一些特殊的温度计。食品温度计(探针为玻璃材质、液体柱为红色)的测量范围是0~120℃,方便测量食物在隔水加热过程中的实时温度,也可用于测量需要加热的奶酱温度等。悬挂式糖浆温度计的测量范围为80~200℃,可以随时掌握糖浆或者果酱在熬制过程中的温度。

定时器：用于甜品烘烤、面团醒发等烘焙过程中任一环节的计时。

电子设备

电动打蛋器： 配备多个搅拌头，代替手动打蛋器，可轻松打发蛋液或奶油至所需程度。

电动搅拌器： 最常见的样式是手持式，可直接将搅拌头放入平底锅等容器进行搅拌。除手持式搅拌器之外，还有底座式搅拌器，它的构造是在一个较深的玻璃材质容器底部配搅拌刀头，将食物碾碎并搅拌均匀。

多功能厨师机： 厨师机通常配有一个机身底座，机身上方搭配不同的搅拌刀头。除了三种标配的基础配件（打蛋网、揉面钩和搅拌桨），还有其他配件可供自选（剁肉刀、绞肉刀、刨丝器等）。

雪葩机或自动冰激凌机： 这类机器都用于制作冰激凌或雪葩，将原料混合搅拌并将温度降至0℃以下。雪葩机配备电机和一个可拆卸的冷冻碗，冷冻碗需要在每次使用前放入冰箱冷冻12小时以上。自动冰激凌机与雪葩机相比，价格更高，家用款通常容量较小，但是自身具备制冷功能，制作时间较短，30分钟便可制作出冰激凌。

榨汁机： 不使用过滤压榨的方法，利用刀头快速将果肉榨成果汁。

微波炉： 通常用于快速解冻速冻食品、加热牛奶、黄油，也可使黄油或巧克力化开（使用隔水加热法也能达到同样的效果）。

　　注意： 使用微波炉加热时，需要使用微波炉专用容器，这类容器可以使电磁波穿过，而不是进行反射或者吸收。

经典模具

布里欧修面包模具： 一般是金属材质，有涂层；呈圆形或长方形，内壁有凹槽，常用于制作布里欧修面包或其他糕点。

长方形蛋糕模具： 长方形蛋糕模，底部平整或有较浅的凹槽。通常有多种尺寸可供选择。建议选择有涂层的蛋糕模。

夏洛特蛋糕模具： 大多为金属材质，边缘平滑，形状类似带有双耳的小桶（双耳方便倒扣脱模）。这种模具也常用于制作果冻或者布丁。

深口蛋糕模具： 金属材质，带有圆边或花边，呈圆形或方形。既可用于制作海绵蛋糕或饼干，也可用于制作酥挞。

萨瓦兰蛋糕模具： 通常是金属材质。这种中空的蛋糕模很容易辨认，制作出来的蛋糕像王冠一样。

舒芙蕾蛋糕模具： 圆形模具，大多为耐高温白色陶瓷材质。通常较深，外部为防滑竖条纹，内部笔直光滑。除陶瓷材质外，也有部分玻璃材质的舒芙蕾蛋糕模具。

硅胶蛋糕模具： 硅胶蛋糕模具的优点在于质地柔软、防粘，方便脱模和易于清洗，使用前无须在模内涂一层黄油。硅胶蛋糕模的样式也多种多样，涵盖了各种经典的款式（酥挞烤盘、圆形蛋糕模等）。

硅胶蛋糕模具的弊端： 由于硅胶质地柔软，所以这类蛋糕模具在盛放液体原料时不易挪动（通常我们需要先将硅胶蛋糕模放在烤架或者烤盘上，然后再在模内倒入蛋糕糊）。此外，硅胶蛋糕模能承受的最高加热温度为250℃（烤箱8~9挡）。

圆形挞盘：通常挞盘有带圆边和带花边两种款式，材质则有多种选择（金属、玻璃、陶瓷、硅胶）。直径通常为16~32厘米。建议制作水果挞时使用活底挞盘，方便脱模。

小型模具及连模

小型蛋糕模具：金属或硅胶材质的小型蛋糕模，多种款式可供选择。除了可以用来制作小蛋糕，还可以用来制作糖果。

连模烤盘：这种一体式连模烤盘有金属和硅胶两种材质，常见的款式有圆形、船形、纸杯形、玛德琳贝壳形等，最多是24连模。

小型烤碗：这是一种小型的舒芙蕾烤碗，可以用于制作牛奶冻或者焦糖布丁。通常这种烤碗都是由耐高温陶瓷材质制成，样式也较为美观，既可以放入烤箱烘烤，也可以放入冰箱冷藏，最后也可以直接上桌。

特殊模具

饼干模具：呈长方形，用于饼干面团的调整与定型。

活扣活底蛋糕模：这种蛋糕模一般是圆形、深口、金属材质。这种活扣活底蛋糕模的模壁和底部是分离的，因此对于制作某些糕点（比如芝士蛋糕、布丁、馅饼）来讲，脱模更方便。

咕咕霍夫蛋糕模：形似皇冠，中空，模具内为光滑的螺纹。建议选择有防粘涂层的模具，方便脱模。

派盘：大口平底，通常边缘较宽，可以更好地将馅饼或水果派的上下两张派皮贴合压紧。

翻转挞盘：这种挞盘通常材质较厚，将苹果片等水果片铺在挞盘底部，加热时会形成焦糖。建议选择有防粘涂层的挞盘，方便脱模。

慕斯圈：这种无底、不锈钢蛋糕模在使用时需要先在烤盘内铺一张烘焙布或者烘焙纸，然后放入慕斯圈。慕斯圈可以轻松解决脱模问题，可选的款式也比较多，比如小型慕斯圈、酥挞慕斯圈（带有双耳）和蛋糕慕斯圈（圈身较高）。

长方形蛋糕模具：长方形、带边沿、金属材质的蛋糕模，适合制作海绵蛋糕、布丁、米糕等。

树桩蛋糕模具：专门用于制作树桩蛋糕的模具。

华夫饼烤模：华夫饼烤模有上、下两个连接的烤盘，通常为铸铁材质，专门用于制作华夫饼。有两种类型，一种是直接置于烤箱内或者煤气灶上进行烘烤的模具，一种是插电使用的自动华夫饼机。

基础原料
LES INGRÉDIENTS DE BASE

优质的原料是成功制作美味甜品必不可少的条件之一。

面粉

通常我们使用的都是小麦面粉，而其他面粉，比如栗子粉或者荞麦面粉则多作为配料添加在小麦粉中，因为这类面粉无法单独制作面包。根据麸皮含量的不同，小麦粉又被分为不同的类型。制作蛋糕时，我们通常选择T45和T55小麦粉，这类小麦粉又称"白面粉"，麸皮含量低、精制度高。此外，制作蛋糕时，建议将面粉过筛后使用。

淀粉

淀粉是从谷物（如大米、玉米）或根茎植物（如土豆、木薯）中提取的多糖类粉状物。烘焙时常用玉米淀粉，用于调整面糊黏性。制作蛋糕时还能提高稳定性，并使蛋糕的口感不会过干。注意不能将淀粉加到热的原料中，有时候需要先与其他常温或冷的液体混合溶解之后，再与其他原料混合。

黄油

我们无法想象在缺少黄油的情况下如何制作出美味的糕点。烘焙所有甜品时（除面包坯外）都离不开黄油，比如制作奶油、果酱、巧克力淋面酱等。优质黄油在常温状态下不会变碎或者呈现颗粒状。尽量选择冷藏黄油。另外，需要注意的是，黄油很容易吸收其他物质的气味并互相渗透。这就是为什么黄油需要储存在封闭性较好的容器中。

如果需要将黄油搅拌成果泥状（也就是说搅拌至慕斯状），请先将黄油置于常温下软化30分钟以上。

注：文中所有食谱用于涂抹模具内部的化黄油为常备食材，除单独介绍外，使用量不计入原料表中。

砂糖

提起烘焙，自然也就离不开砂糖。砂糖在烘焙过程中的作用不仅仅是赋予甜品美味或者酥脆的口感，还可以用于表面上色等。

细砂糖是烘焙中最常用的一种白色砂糖，颗粒小，融化速度快。

糖粉是一种研磨的更细的粉末状糖类，并且添加了3%淀粉（防止糖粒黏合在一起）。糖粉通常用于撒在蛋糕表面或者用于装饰，以及用于制作镜面酱等。

红糖（如巴西蔗糖、马斯科瓦多糖）是一种深棕色、细颗粒、具有明显风味（如甘草味、焦糖味）的蔗糖。通常用于制作口味浓郁的糕点（如香蕉吐司、香料面包、巧克力蛋糕等）。需要注意的是，若在某些浅色食物，如香草奶油或者芝士蛋糕中添加红糖，可能会影响甜品的本色，使其变成米色或者浅褐色。

香草砂糖是一种添加了10%以上天然香草精的细砂糖，通常用于面团或者奶油的调味。注意不要使用含有香兰素的合成香草糖。

鸡蛋

尽量选用露天散养鸡下的鸡蛋。将鸡蛋连同原包装一起放入冰箱冷藏，尖头朝上放置。使用时，提前将鸡蛋从冰箱取出，常温下回温。用于制作慕斯这种无须加热的甜品时，一定要选用新鲜的鸡蛋。注意不要使用外壳破损或者裂开的鸡蛋。

中等大小的鸡蛋每个约55克重：

· 鸡蛋壳：5克

· 蛋清：30克

· 蛋黄：20克

泡打粉

可以使蛋糕体积膨胀，变得膨松。

泡打粉是一种白色粉末，用于制作糕点、蛋糕、曲奇饼干等。制作过程中，不要过早地加入泡打粉，否则会影响发酵程度。

面包专用酵母是一种非化学的天然产物（像蘑菇一样），常用于制作布里欧修面包、牛角面包等。鲜酵母呈米色、块状，水溶性好，可以从面包店或者超市购买，最多可冷藏保存2周。干酵母为颗粒或者片状，可以储存几个月。面包专用酵母加入面团混合后，经过一段时间与面粉中的糖产生化学反应，生成二氧化碳，从而使面团膨胀。

鲜奶油

淡奶油不仅可以为甜品提供香味，还可以带来顺滑的口感，冷、热原料均适用。淡奶油还可以进行打发，若将淡奶油与糖一起打发，便可制成香缇奶油。为达到更好的打发效果，建议选择冷藏的全脂淡奶油（脂肪含量为30%~35%）。

浓缩鲜奶油同样可以带来美味和顺滑的口感，通常用于搭配其他糕点（比如搭配蛋糕或者酥饼等）。对于需要加热的甜品，通常很少使用浓缩鲜奶油。

可可粉

建议选择不含糖的纯可可粉。

巧克力

巧克力由可可粉、蔗糖和可可脂制作而成，根据不同的食谱，选择黑巧克力、牛奶巧克力或者白巧克力。对于必须使用黑巧克力的食谱，建议选择可可含量在50%以上的黑巧克力。

制作巧克力镜面、糖果或者复活节巧克力蛋时，最好使用调温巧克力。这种巧克力可可含量较高，更易化开。需要注意的是，无论是用隔水加热还是微波炉加热的方式，温度都不能过高（使用微波炉加热巧克力时，每加热一分钟就需暂停搅拌一次，直到巧克力完全化开）。切勿用直接加热的方式来加热，否则巧克力会变成颗粒状。最佳的方式是用调温技术（详见本书第487页）来使巧克力化开，巧克力液也会色泽明亮、质地顺滑。巧克力豆更适合制作曲奇、玛芬蛋糕、巧克力小蛋糕等。若没有现成的巧克力豆，也可以将大块巧克力掰成小块，代替巧克力豆。

盐

在绝大部分食谱中，都需要添加少量盐作为提味剂：盐的加入可以更好地烘托出其他原料的味道。部分食谱中，我们使用盐之花来代替普通海盐，口感层次更加丰富，也更能凸显出食物的本味。

吉利丁

吉利丁是一种呈半透明片状或者粉状的胶凝剂，常用于制作慕斯、夏洛特蛋糕、巴伐洛娃蛋糕或者果冻。吉利丁片在使用时，要提前放入冷水中软化，沥干后放入热的原料中混合。吉利丁粉则需要先倒入液体中混合，加热后融化。

半成品派皮

当没有时间自己制作派皮时，可以选择购买半成品派皮。这种现成的派皮不仅种类繁多，如水油酥皮、油酥派皮、千层酥皮等，而且制作简单。有按面团成块出售的，也有擀成面皮出售的。建议选择标有"纯黄油"字样的派皮，用这种派皮制作出来的甜品更加美味。此外，很多面包店也会出售自制的千层酥皮。

香草

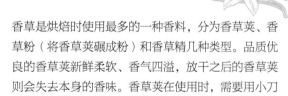

香草是烘焙时使用最多的一种香料，分为香草荚、香草粉（将香草荚碾成粉）和香草精几种类型。品质优良的香草荚新鲜柔软、香气四溢，放干之后的香草荚则会失去本身的香味。香草荚在使用时，需要用小刀将其剖成两半，然后轻轻地刮掉香草籽。

> 与其将用过的香草荚直接扔掉，倒不如加以利用。将用后的香草荚洗净、晒干，然后放入砂糖罐中储存。当收集足够数量的香草荚后，将其碾碎，与砂糖混合，倒入漏勺过滤：自制的香草砂糖便大功告成了。

香精（苦杏仁香精、香草精、咖啡香精……）

香精是将香料与水或者酒精混合，通过多个步骤（泡制、浸渍、蒸馏或渗滤）浓缩提炼而成。在制作奶油、饼干、甘纳许、小酥饼等糕点时加入香精，可以增添独特香味，有时候甚至一滴香精就足够了。

蒸馏水（橙花水、玫瑰水……）

将浸渍后的花瓣通过蒸馏的方式制作而成。通常用于制作布里欧修面包、法式甜甜圈、小馅饼、果酱等，可给食物增添独特的香味，使用时通常很少的量就足够了。

糕点、蛋糕
GÂTEAUX & CAKES

酸奶蛋糕

GÂTEAU AU YAOURT

4～6人份 | 准备时间：15分钟 | 烘烤时间：35分钟

原料表

（以下使用空酸奶杯作为量杯）

原味酸奶1杯
面粉3杯
泡打粉1小袋（约11克）
橙子（或柠檬）1个
鸡蛋3个
细砂糖2杯
盐1小撮
葵花子油2/3杯
化黄油（涂抹模具内部）25克

糖浆原料

细砂糖2/3杯

1 烤箱调至6挡、预热至180℃。面粉和泡打粉过筛。将橙皮擦成细丝，橙子挤汁，备用。

2 将鸡蛋、细砂糖和盐倒入大碗中，搅拌至发白起泡。加入葵花子油、橙皮丝和原味酸奶，再次搅拌。加入过筛的面粉和泡打粉，再次搅拌均匀。

3 准备一个直径为24cm的圆形蛋糕模，模内涂一层化黄油。倒入搅拌均匀的蛋糕糊，放入烤箱烤30分钟。

4 制作糖浆：将25毫升水倒入平底锅，加入橙汁和细砂糖一起加热。沸腾后，轻轻搅拌，继续加热5分钟。关火，冷却至常温。将常温糖浆浇在烤好的蛋糕上，即可食用。

小贴士 这款易操作、零失败的蛋糕是尝试烘焙时的首选食谱。可根据自身喜好，添加适量水果块。

其他配方

如喜欢更加轻盈的口感，可尝试将蛋黄、蛋清分开，并将蛋清打发至泡沫状。

磅蛋糕
QUATRE-QUARTS

6～8人份　　准备时间：15分钟　　烘烤时间：40分钟

原料表

鸡蛋3个
面粉（与蛋液相同重量）
细砂糖（与蛋液相同重量）
化黄油（与蛋液相同重量）
盐1小撮

1 面粉过筛。将蛋清与蛋黄分开置于碗中备用。烤箱调至6～7挡，预热至200℃。

2 将细砂糖和化黄油倒入蛋黄液中，搅拌至发白起泡。加入面粉，继续搅拌至面糊变得均匀。将盐缓缓加入蛋清中，打发至干性发泡。用刮刀将打发后的蛋清缓缓倒入面糊，轻轻地上、下翻拌均匀。

3 准备一个直径为22cm的圆形蛋糕模，内壁先涂一层化黄油，再轻轻撒一层面粉。将面糊缓缓倒入模具，放入烤箱烤15分钟。然后将烤箱温度调至6挡、180℃，继续烤20分钟。从烤箱取出蛋糕，冷却至温热后脱模，即可搭配自制果酱享用。

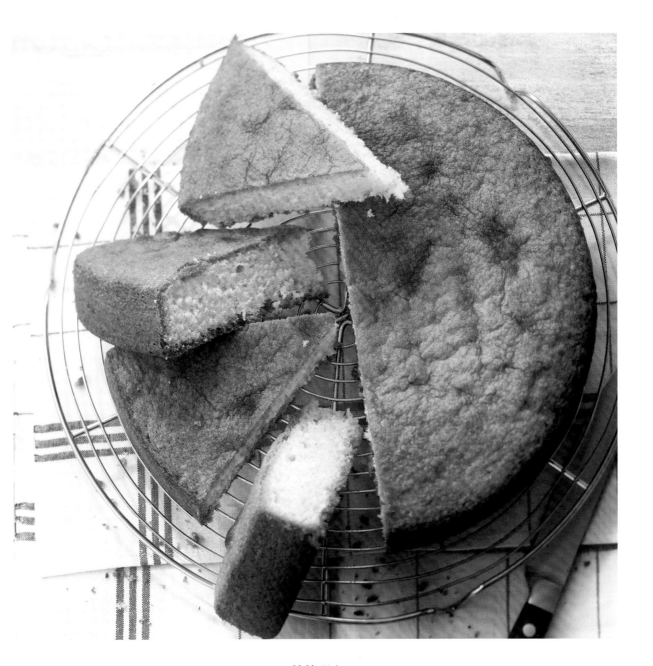

其他配方

法国布列塔尼地区的做法是用半盐黄油代替普通黄油。

萨瓦蛋糕

BISCUIT DE SAVOIE

8人份　　　准备时间: 15分钟　　　烘烤时间: 35分钟

原料表

鸡蛋4个
面粉50克
玉米淀粉60克+20克（涂抹模具内部）
细砂糖90克
香草砂糖1小袋（约7.5克）
盐1小撮
化黄油适量

1 烤箱调至5~6挡，预热至160℃。将蛋清与蛋黄分离，分别倒入碗中备用。将面粉与玉米淀粉一起过筛。将细砂糖倒入蛋黄液中，搅拌至发白、起泡、顺滑。

2 将盐缓缓倒入蛋清中，打发至干性发泡。用刮刀将打发的蛋清和过筛的面粉淀粉混合物交替缓缓倒入蛋黄液中，轻轻上下翻拌均匀。

3 准备一个直径为26cm的圆形蛋糕模，先涂一层化黄油，再撒一层玉米淀粉。将混合均匀的面糊缓缓倒入模具，放入烤箱，烤35分钟。之后，检查蛋糕烘烤程度：将刀尖插入蛋糕再拔出，刀尖应为干燥状。从烤箱取出蛋糕，脱模。蛋糕冷却后，即可享用。

大理石蛋糕

GÂTEAU MARBRÉ

6~8人份 | 准备时间：15分钟 | 烘烤时间：40分钟

原料表

鸡蛋3个

黄油175克+25克（涂抹模具）

面粉175克

泡打粉1/2小袋（5克）

细砂糖200克

可可粉25克

牛奶3汤匙

盐1小撮

1 将蛋清与蛋黄分离，分开倒入碗中备用。黄油化开备用。将面粉与泡打粉一起过筛。将细砂糖与化黄油混合，用搅拌机搅拌，其间依次加入蛋黄和面粉泡打粉混合物，搅拌均匀。

2 将可可粉倒入牛奶中，搅拌均匀。将步骤1的面糊平均分成2份，将可可牛奶倒入其中1份面糊中。

3 将盐加入蛋清中，打发至泡沫状。用刮刀将打发蛋清均匀倒入2份面糊中，上下轻轻搅拌。

4 烤箱调至6挡，预热至180℃。准备一个直径为22cm的蛋糕模，模具内壁涂一层化黄油。先缓缓倒入一层可可面糊，再倒入一层原味面糊，继续倒入一层可可面糊，依次交替直至填满模具。

5 放入烤箱烤40分钟。之后，检查蛋糕烘烤程度：将刀尖插入蛋糕再拔出，刀尖应为干燥状。

榛子蛋糕
NOISETTINE

6人份　　准备时间：20分钟　　烘烤时间：45分钟

原料表

榛子130克
蛋清6个（鸡蛋）
细砂糖160克
面粉40克
黄油100克+25克（涂抹模具）

1 烤箱调至5挡，预热至150℃。用擀面杖将榛子擀碎，放入烤箱烤15分钟，烤至表面金黄。

2 将细砂糖倒入蛋清中，轻轻搅拌混合，但注意不要打发。依次将烤好的榛子碎（预留少量作为装饰）和过筛的面粉倒入蛋清中，缓缓搅拌至面糊变得均匀。将黄油化开后，倒入面糊中，再次搅拌均匀。

3 烤箱调至6~7挡，预热至200℃。准备一个蛋糕模，模具内壁涂一层黄油。将面糊倒入模具，放入烤箱烤30分钟。从烤箱取出蛋糕，冷却至温热后脱模。撒上预留的榛子碎装饰，即可享用。

核桃蛋糕

DÉLICE AUX NOIX

6人份 | 准备时间：20分钟 | 烘烤时间：50分钟

原料表

核桃仁180克
鸡蛋4个
细砂糖180克
玉米淀粉100克
化黄油25克（涂抹模具）

淋面原料

糖粉120克
冻干咖啡粉1汤匙

---

1 预留30克核桃仁装饰备用，将其余核桃仁倒入搅拌机打碎。将蛋清与蛋黄分离，分别倒入碗中备用。

2 将细砂糖倒入蛋黄中，打发至发白起泡。加入玉米淀粉和核桃碎，轻轻搅拌均匀。烤箱调至6~7挡，预热至190℃。准备一个较深的圆形蛋糕模，模具内涂一层化黄油。

3 将蛋清打发至干性发泡。先将2汤匙打发蛋清倒入蛋黄液中，轻轻搅拌。再倒入剩余蛋清，轻轻上下搅拌均匀，注意不要画圈或过多搅拌。

4 将蛋糕糊倒入模具，放入烤箱中层，烤50分钟。之后，检查蛋糕烘烤程度：将刀尖插入蛋糕再拔出，刀尖应为干燥状。从烤箱取出蛋糕，放置10分钟，脱模。置于烤架上冷却。

5 制作淋面：糖粉中加入2汤匙水搅匀，加入冻干咖啡粉，充分搅拌至黏稠、顺滑。用抹刀将淋面均匀涂在蛋糕表面。摆放核桃仁装饰，即可享用。

蛋糕及其小故事
LES GÂTEAUX ET LEURS HISTOIRES

巴黎榛子车轮泡芙
Le paris-brest

详见本书第300页

由泡芙面团搭配榛子奶油夹心的车轮泡芙一直以来都是蛋糕店的明星产品之一。这种外形酷似自行车车轮的泡芙是拉斐特甜品店（Maisons-Laffitte）的糕点师路易斯·杜朗（Louis Durand）在1910年首创的，以此纪念巴黎到布雷斯特的自行车赛事。

覆盆子巴甫洛娃蛋糕
La pavlova

详见本书第356页

这款由烤蛋白、掼奶油和新鲜水果制成的巴甫洛娃蛋糕曾经风靡一时。事实上，这款蛋糕是20世纪初俄罗斯最受欢迎的芭蕾舞舞者安娜·巴甫洛娃（Anne Pavlova）在南半球巡演时，一位新西兰糕点师为了向她致敬特意制作，并以她的名字而命名的。这款蛋糕的形状也让人不禁想到芭蕾舞裙。

法式反烤苹果挞
La tarte tatin

详见本书第104页

这款起源于20世纪末的反烤苹果挞是将苹果片放于酥皮下进行烘烤，从烤箱取出后再翻面。这款苹果挞的诞生竟然源于一次"疏忽"：20世纪末，拉莫特-博弗隆（Lamotte-Beuvron）有一家小餐馆，这家餐馆的老板有两个女儿。有一天其中一个女儿在制作苹果挞时，忘了将酥皮放在挞盘底部，而是直接放入了苹果片，然后将挞盘放入了烤箱。后来意识到问题时，女儿灵机一动，取出挞盘，将酥皮直接放在苹果片上，继续放回烤箱进行烘烤。烘烤结束，从烤箱取出后，再将苹果挞翻面。没想到后来她的这次疏忽居然变成了一个奇迹。这也要得益于这家小餐馆的地理位置，开在人来人往的车站对面，这款反烤苹果挞很快就受到了大家的追捧，并且成了当地的特产。

朗姆巴巴蛋糕
Le baba au rhum

详见本书第338页

从某种程度来讲，波兰国王、路易十五的岳父斯坦尼斯拉斯·莱辛斯基（Stanislas Leszczynski）促成了这款蛋糕的诞生。在他流亡南特期间，有一天他吃完咕咕霍夫蛋糕后，觉得有点干，于是他让自己的私人糕点师尼古拉·史特雷（Nicolas Stohrer）调整蛋糕的配方。尼古拉将咕咕霍夫放入朗姆酒糖浆中浸泡，待蛋糕泡至松软后，与奶油和葡萄进行搭配。至今，他的"史特雷糕点店"仍开在巴黎蒙托格伊大街上，是世界上最古老的糕点店。这款朗姆巴巴蛋糕还有一款无酒精版，就是有名的萨瓦兰蛋糕。在糕点师们长期相互交流烘焙心得的过程中，这款蛋糕演变出一些别的配方，比如在意大利南部，人们用柠檬酒或者玛莎拉葡萄酒代替朗姆酒，蛋糕的形状也发生了一定变化，变成了像瓶塞一样的形状。但在法国，朗姆巴巴蛋糕至今依然为圆形。

金融家蛋糕（常音译为"开心果覆盆子费南雪"）
Les financiers

详见本书第382页

17世纪，南锡附近一个修道院的修女们用杏仁、糖、面粉和鸡蛋制作了一款名叫"修女"的小蛋糕。19世纪，在巴黎证券交易所附近开店的糕点师拉辛（Lasne）为了取悦那些在证券交易所工作的客户，便将"修女"小蛋糕进行了调整，将表面烤至金黄，并将外形做成金砖的样子，并以这些客户的身份"金融家"来重新命名。

夏洛特蛋糕
La charlotte

延伸做法分别详见本书第324页、第328页、第330页

这款蛋糕起源于19世纪初，为了致敬维多利亚女王的祖母夏洛特公主。最初，这款英式甜点呈皇冠形，由蜂蜜蛋糕片或黄油布里欧修面包片涂抹果酱（苹果酱或梨酱）后放入烤箱烘烤而成，通常作为下午茶的糕点享用。直到1990年，法国著名糕点师安东尼·卡莱尔梅（Antoine Carême）尝试使用其他原料来制作这款蛋糕。他首次使用手指饼干作为蛋糕坯，搭配巴伐利亚奶冻，然后放入冰箱定型。自此，夏洛特蛋糕由热食变为冷餐食用。

胡萝卜蛋糕
CARROT CAKE

8人份	准备时间: 20分钟	烘烤时间: 40 ~ 50分钟

原料表

胡萝卜350克

菠萝块340克

化黄油130克+25克（涂抹模具）

细砂糖100克

红糖150克

鸡蛋3个

核桃仁（或碧根果仁）75克

面粉220克

泡打粉3咖啡匙

盐1咖啡匙

小苏打1咖啡匙

肉桂粉（或四香料）1咖啡匙

生姜粉1/2咖啡匙

淋面原料

涂抹奶酪120克

糖粉75克

化黄油60克

香草砂糖1小袋

柠檬汁1/2个柠檬

1 胡萝卜削皮、洗净，用大孔刮丝器刮成丝。将菠萝块倒入搅拌机，轻微搅拌后沥去汁水。烤箱调至6挡，预热至180℃。

2 将化黄油、细砂糖和红糖倒入大碗中，打发至出现纹路。加入鸡蛋，再次搅拌。加入胡萝卜丝、菠萝块和核桃仁，搅拌均匀。注意预留部分核桃仁用于装饰。

3 将面粉、泡打粉、盐和小苏打一起过筛，与肉桂粉、生姜粉一起倒入上一步的混合物中，搅拌均匀。

4 准备2个直径为18 ~ 20厘米的圆形蛋糕模，模内涂一层化黄油。将蛋糕糊平均倒入2个蛋糕模内。放入烤箱烤40 ~ 50分钟。检查蛋糕烘烤程度：将刀尖插入蛋糕再拔出，刀尖应为湿润状态但未粘上蛋糕糊。从烤箱取出蛋糕，脱模，置于烤架上冷却。

5 开始制作淋面。将所有原料倒入大碗中，打发至出现纹路。将一半淋面酱涂在一个蛋糕上，抹平。放上另一个蛋糕。最后用刮刀将剩余一半淋面均匀涂在蛋糕表面，涂抹平整。摆放预留的核桃仁装饰，即可享用。

小贴士 胡萝卜本身含有水分，因此这款蛋糕口感湿润。注意一定要等量均分蛋糕糊，否则两个模具同时放入烤箱，相同的时间内稍厚的蛋糕芯烘烤程度可能不够。

咕咕霍夫（步骤详解）

KOUGLOF (PAS À PAS)

2个	准备时间：40分钟	酵母发酵时间：4小时
	面团醒发时间：2小时30分钟	烘烤时间：35～40分钟

糖粉30克

牛奶80毫升

新鲜面包酵母20克

葡萄干100克

带皮杏仁1小把

朗姆酒60毫升

细砂糖75克

面粉560克

黄油170克

蛋黄2个

原料表

发酵面团原料

面粉110克

新鲜面包酵母20克

牛奶80毫升

蛋糕坯原料

葡萄干100克

朗姆酒60毫升

面粉450克

盐3小撮

细砂糖75克

化黄油120克+50克（涂抹模具）

带皮杏仁1小把

糖粉30克

蛋黄2个

1 将葡萄干倒入朗姆酒中浸泡。

2 制作发酵面团：将面粉、新鲜酵母和牛奶一起倒入大碗中，揉成均匀的面团。用潮湿的布将碗盖上，放入冰箱冷藏4小时。

3 面团发酵后，开始制作蛋糕坯：将面粉、盐、细砂糖、蛋黄和酵母一起倒入厨师机的搅拌碗中开始搅拌，搅拌至面团不粘内壁。

4 加入化黄油，继续搅拌至面团再次不粘内壁。

5 捞出朗姆酒中的葡萄干，沥干后倒入厨师机中，轻轻地和面团搅拌均匀。尽量保持葡萄干颗粒的完整。用厨房布盖上搅拌碗，常温放置，醒发1.5小时左右，直到面团体积膨胀一倍。

6 准备2个咕咕霍夫蛋糕模，模内涂一层化黄油。在蛋糕模底部的每个凹槽放一粒杏仁。

7 将发酵面团从冰箱取出，放在撒有面粉的台面上，平均分为2份。用手掌将2份面团轻轻压扁。

8 将面团边缘向内折叠，将面团揉成圆球状。用手掌轻压面团并修整形状，将面团按压成圆形。

9 手指蘸适量面粉，将揉好的面团放入手掌，用拇指在面团中心戳一个洞，轻轻拉扯面团，将面团拉成一个圆环状。然后将环形面团依次放入步骤6的模具中，盖上潮湿的厨房布，常温醒发1小时。

10 烤箱调至6～7挡，预热至200℃。将发酵后的面团放入烤箱，烤35～40分钟。从烤箱取出蛋糕，脱模，置于冷却架上。趁热用刷子在蛋糕表面涂一层化黄油。

11 最后轻轻地撒一层糖粉，常温冷却。即刻享用或待蛋糕完全冷却后，放入食品保鲜袋中储存。

巴斯克蛋糕
GÂTEAU BASQUE

6~8人份 | 准备时间：30分钟 | 醒发时间：1小时 | 烘烤时间：45分钟

原料表

卡仕达酱原料

牛奶25毫升
香草荚1/2根
鸡蛋1个+蛋黄2个
细砂糖50克
面粉40克
橙花水2汤匙

蛋糕坯原料

面粉300克
细砂糖150克
盐1小撮
泡打粉1/2小袋（约5克）
鸡蛋1个+蛋黄2个
化黄油180克

蛋黄液原料

蛋黄1个
牛奶1汤匙

1 首先制作卡仕达酱：将牛奶和香草荚倒入锅中加热至沸腾。将鸡蛋、蛋黄和细砂糖一起倒入搅拌机中，打发至呈慕斯状。边继续搅拌边加入面粉，片刻后加入煮沸的牛奶，轻轻搅拌。将蛋奶液倒入平底锅，中火加热，持续搅拌至表面开始冒泡。关火，加入橙花水，轻轻搅拌，常温冷却。

2 制作蛋糕坯：将面粉、细砂糖、盐和泡打粉倒入大碗中搅拌均匀。用手指在面粉中心挖个洞，依次倒入鸡蛋、蛋黄和化黄油。用木勺由中心向外开始搅拌，搅拌均匀后，用手将面团揉成均匀的圆球。放置于阴凉处或冰箱冷藏室醒发1小时。

3 将烤箱调至6~7挡，预热至200℃。将面团分成两份（一份1/3、一份2/3）。准备一个圆形蛋糕模，模具内涂一层化黄油。先将大份面团擀成面皮，然后放入蛋糕模，铺满模具底部和侧壁。

4 倒入卡仕达酱。将另一份面团擀成面皮，铺在表面。手指蘸取少量水，沿着蛋糕模边缘将上下两张面皮轻轻捏紧。将蛋黄和牛奶混合搅拌，用刷子将蛋黄液均匀刷在面皮表面。

5 放入烤箱烤20分钟，将烤箱温度调至6挡、预热至180℃，继续烤20分钟。从烤箱取出蛋糕，冷却至温热后脱模。即刻享用或待蛋糕完全冷却后享用均可。

其他配方

可以用法国伊特萨苏地区盛产的黑樱桃果酱代替卡仕达酱来制作这款巴斯克蛋糕。

香橙蛋糕（无面粉版）

GÂTEAU À L'ORANGE SANS FARINE

4人份	准备时间：20分钟	烘烤时间：55分钟

原料表

鸡蛋3个
细砂糖125克
泡打粉2咖啡匙
橙子1个
盐1小撮
杏仁粉125克
糖粉适量

1 将烤箱调至6挡，预热至180℃。用刨丝器将橙皮擦成丝，然后挤出橙汁备用。将鸡蛋和细砂糖倒入大碗中，打发至发白起泡。加入泡打粉、橙皮、橙汁、盐和杏仁粉，搅拌均匀。

2 准备一个圆形蛋糕模，底部和侧壁铺一层烘焙纸。将蛋糕糊倒入模内，放入烤箱烤55分钟，烤至蛋糕表面呈金黄色。检查蛋糕烘烤程度：将刀尖插入蛋糕再拔出，刀尖应为干燥状。

3 从烤箱中取出蛋糕，脱模。表面撒一层糖粉或者涂一层果酱。温热时或完全冷却后享用均可。

碧根果南瓜蛋糕

GÂTEAU AU POTIMARRON ET AUX NOIX DE PÉCAN

4~6人份 | 准备时间：30分钟 | 烘烤时间：1小时5分钟

原料表

小南瓜150克
半盐化黄油75克
蔗糖300克
面粉200克
泡打粉1小袋（约11克）
鸡蛋4个
橙花水2汤匙
碧根果50克
糖粉适量

1 烤箱调至6挡，预热至180℃。南瓜去皮、去子、切块，放入锅中，加盖煮20分钟。捞出南瓜块，沥干，搅拌成南瓜泥。

2 加入半盐化黄油、蔗糖、面粉和泡打粉，搅拌均匀。继续加入鸡蛋和橙花水，再次搅拌均匀。

3 准备一个长25厘米、宽20厘米的蛋糕模，模内涂一层化黄油。将碧根果碾碎，倒入蛋糕糊，搅拌均匀。将蛋糕糊倒入蛋糕模，放入烤箱烤45分钟，烤至蛋糕膨胀，表面呈金黄色。检查蛋糕烘烤程度：将刀尖插入蛋糕再拔出，刀尖应为干燥状。从烤箱取出蛋糕，脱模。待蛋糕冷却后，撒一层糖粉，即可享用。

柠檬磅蛋糕

GÂTEAU MANQUÉ AU CITRON

6~8人份	准备时间：30分钟	烘烤时间：40~50分钟

原料表

蛋糕原料

柠檬1个

糖渍香橼（或糖渍柠檬皮）100克

面粉100克

黄油70克

鸡蛋4个

细砂糖140克

香草砂糖1/2小袋（约3.5克）

盐1/2咖啡匙

淋面原料

糖粉100克

蛋清1个

柠檬（挤汁）1/2个

装饰配料

糖渍香橼50克

1 用刨丝器将柠檬皮刨成丝。将柠檬放入沸水中煮2分钟，捞出，过冷水。沥干后将柠檬切成薄片。香橼切成小方块，备用。将烤箱调至6~7挡，预热至200℃。

2 制作蛋糕坯：面粉过筛。黄油放入小锅中，加热至化开。关火，冷却至温热。将蛋清和蛋黄分离，分别放入碗中。蛋黄中加入两种砂糖，打发至呈慕斯状。加入面粉、化黄油、香橼块和柠檬皮，混合搅拌均匀。蛋清中加入盐，打发至呈泡沫状。将打发蛋清缓缓倒入蛋黄中，用刮刀上下轻轻翻拌均匀。

3 将面糊倒入已在内壁涂抹适量化黄油、直径为22厘米的蛋糕模中，放入烤箱烤15分钟。将烤箱调至6挡、180℃，继续烤25~30分钟。其间注意检查蛋糕烘烤程度：将刀尖插入蛋糕再拔出，刀尖应为干燥状。从烤箱取出蛋糕，微微冷却后脱模，常温下放至完全冷却。

4 制作淋面：将糖粉、蛋清和柠檬汁依次倒入碗中，用电动打蛋器打发至顺滑。

5 蛋糕完全冷却后，用刮刀将蛋清淋面均匀涂在蛋糕表面。摆放适量糖渍香橼块装饰，即可享用。

葡萄干软面包
CRAMIQUE

6人份 | 准备时间: 25分钟 | 醒发时间: 2小时 | 烘烤时间: 40分钟

原料表

茶1小碗
葡萄干100克
黄油100克
鸡蛋3个
盐1小撮
面粉500克
细砂糖1汤匙
发酵面团
鲜牛奶20毫升
面包专用酵母20克
面粉50克

1 将葡萄干倒入茶中浸泡。将黄油切成小丁。将两个鸡蛋打入容器中，加盐后搅拌均匀。

2 开始制作发酵面团：鲜牛奶加热至温热，备用。将部分面包专用酵母倒入碗中碾碎，加入少量牛奶，搅拌均匀。边缓缓加入面粉，边用木勺搅拌均匀。

3 将制作面包坯的面粉倒在台面上，用手指在中间挖个洞，倒入剩余面包专用酵母。依次加入蛋液、细砂糖和剩余牛奶，轻轻揉成面团。常温醒发1小时。

4 面团醒发后，重新放回台面。用手开始揉面，揉至面团光滑有弹性。加入黄油丁，继续揉面。将葡萄干从茶水中捞出、沥干，倒入面团中。加入发酵面团再次揉面，使葡萄干分布均匀。

5 将面团揉成长条形。准备一个28厘米的长条蛋糕模，模内涂一层化黄油。将面团放入模具。将剩余的1个鸡蛋打散，用刷子将蛋液刷在面团表面。再次常温醒发1小时。

6 烤箱调至7挡，预热至200℃。将面团放入烤箱烤10分钟后，将烤箱温度调至6挡、180℃，继续烤30分钟。从烤箱取出蛋糕，脱模。冷却后即可享用。

搭配建议

这款蛋糕可搭配果酱、巧克力奶油
或水果冰激凌。

柠檬软蛋糕

CAKE MOELLEUX CITRON-PAVOT

6～8人份 | 准备时间: 25分钟 | 冷藏时间: 30分钟 | 烘烤时间: 50分钟

原料表

化黄油125克
红糖125克
鸡蛋3个
面粉160克
泡打粉1小袋（约11克）
柠檬1个
黑芝麻2汤匙

装饰配料

细砂糖2汤匙
柠檬皮1个柠檬
罂粟籽少许

1 化黄油和红糖倒入大碗中，打发至起泡。加入鸡蛋。加入面粉和泡打粉，搅拌均匀。

2 用刨丝器将柠檬皮刨成丝，备用。柠檬挤汁。将柠檬皮、柠檬汁和黑芝麻依次倒入面糊中。

3 烤箱调至5～6挡，预热至160℃。准备一个25厘米长的蛋糕模，模内涂一层化黄油。将面糊倒入蛋糕模，放入冰箱冷藏30分钟。

4 从冰箱取出模具，放入烤箱烤50分钟。检查蛋糕烘烤程度：将刀尖插入蛋糕再拔出，刀尖应为干燥状。从烤箱取出蛋糕，脱模后置于冷却架上冷却。

5 准备蛋糕装饰。将细砂糖倒入平底锅，加1汤匙水，熬成糖浆。用刷子将糖浆均匀地刷在蛋糕表面。撒上柠檬皮碎屑和黑芝麻装饰，即可享用。

果干蛋糕
CAKE AUX FRUITS SECS

6~8人份	准备时间：20分钟	冷藏时间：30分钟	烘烤时间：50分钟

原料表

葡萄干100克

雪莉酒（或樱桃酒）20毫升

化黄油130克

细砂糖80克

鸡蛋3个

面粉180克

泡打粉1小袋（约11克）

混合糖渍水果干（全部或部分可用糖渍橘皮代替）100克

1 将葡萄干倒入雪莉酒中浸泡。化黄油和细砂糖倒入大碗中，用刮刀搅拌均匀。依次加入三个鸡蛋，每次搅拌均匀后再加入下一个鸡蛋。加入面粉和泡打粉，搅拌均匀。水果干切成小块。葡萄干充分浸泡后，连汁与混合糖渍水果干一起倒入面糊中，搅拌均匀。放入冰箱冷藏30分钟以上。

2 烤箱调至6~7挡，预热至200℃。准备一个25厘米长的条形蛋糕模，先铺一层烘焙纸，再涂一层黄油。从冰箱取出面糊，倒入蛋糕模内。

3 放入烤箱烤10分钟，然后将烤箱温度调至5~6挡、160℃，继续烤40分钟。烤至蛋糕膨胀、表面呈金黄色。检查蛋糕烘烤程度：将刀尖插入蛋糕再拔出，刀尖应为干燥状。从烤箱取出蛋糕，微微冷却后脱模，即可享用。

蛋糕装饰物

LES DÉCORS DE GÂTEAUX

一款漂亮的、可食用的装饰物可以使最简单的蛋糕也变得有吸引力。种类繁多的装饰物，如糖果、焦糖、巧克力、杏仁片等，任你选择（详见下页）！

3

5

2

巧克力装饰
Décors en chocolat

 1

用小刀或者削皮器将巧克力削成薄片。最具挑战性的是先将巧克力化开，然后均匀涂在像大理石一样冰冷的台面上，铺成薄薄的一层。待巧克力冷却定型后，用刮刀将巧克力划成薄片或碎屑。最理想的是使用调温巧克力（做法详见本书第487页），用这种方式制作出来的巧克力薄片色泽明亮、脆而不硬。

利用调温巧克力还可以制作巧克力蛋、巧克力棒、夹心巧克力等。

蛋糕侧壁装饰

如果蛋糕表面是巧克力镜面或者奶油时，可以用烤杏仁薄片来装饰侧壁（一个蛋糕大约需要75克杏仁片）。为了使口感更加酥脆，可以将杏仁片与30克红糖混合均匀进行烘烤，然后平铺在烘焙纸上冷却。可以用同样的方法来制作烤椰子片、烤核桃碎、烤榛子碎，甚至是水果坚果混合麦片。

杏仁面团与翻糖面团装饰
Pâte d'amande et pâte à sucre

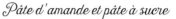 2

在大型超市很容易买到杏仁面团或者翻糖面团。在案板上撒一层糖粉，用擀面杖将面团擀开，然后用刀或者压花器将面团切成不同的形状。压花器可以在网上或者专卖店购买。可以尝试制作各种主题的装饰物，比如花卉主题等。

现成糖果装饰
Décors en sucre prêts à l'emploi

 3

除了自己动手制作之外，我们也可以选择购买一些现成的物品来装饰蛋糕，比如彩色小糖豆、合欢花小球、星形或者花形糖果等。根据不同的场合，选择适合的现成的装饰物，是最简单的一种方式。

焦糖装饰
Décors en caramel

4

成功熬制金黄色焦糖的方法：将150克白砂糖（蔗糖成色没有白砂糖好）倒入不粘平底锅或煎锅，中火加热并时不时晃动平底锅，切记不要用刮刀搅拌，否则砂糖会因受热不均而结块，熬好的焦糖质地也会不够顺滑。提前准备一张烘焙纸，一旦焦糖熬至金黄色，立刻用勺子舀一勺焦糖，滴在烘焙纸上。重复上述操作，将焦糖制成珍珠粒。或者用勺子将焦糖拉成丝。

> 注意操作时动作一定要快，因为焦糖冷却凝固的速度特别快，制作完成的焦糖珍珠不要放入冰箱，否则会软化变黏。

裱花装饰
Décors à la poche à douille

5

裱花袋是烘焙中必不可少的工具。利用裱花袋不仅可以在制作泡芙球时完美地挤入夹心，还可以制作很多蛋糕的装饰物。裱花袋有多种材质，除塑料、硅胶之外，还有可清洗、可重复使用的硅胶布材质裱花袋。还有使用方便的一次性裱花袋，适合使用频率较低的人群。为方便起见，请选择长度30厘米以上、甚至长达40厘米的大容量裱花袋。否则，若是无法一次性装入全部面糊，想象一下，将剩余面糊倒入使用后的裱花袋将是一个多么复杂的过程！

> **小妙招** 若没有裱花袋，也可使用食品冷冻袋。装入面糊后，在袋子底部边角处剪一个小口即可。

几款常用的裱花嘴
Du côté des douilles

锯齿花嘴
DOUILLE CANNELÉE
可制作玫瑰花形或星形香缇奶油。

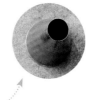

大号圆嘴
DOUILLE LISSE
可制作大小均匀的马卡龙。

圣诺黑花嘴
DOUILLE À SAINT-HONORÉ
可制作贝壳状装饰物。

俄罗斯花嘴
DOUILLES RUSSES
可制作较为复杂的花形，比如在纸杯蛋糕上挤出花型黄油酱。

小号圆嘴
DOUILLE FINE LISSE
可装入巧克力酱，在蛋糕表面写出祝福语等。或者装入栗子酱，在蒙布朗表面画出细线等。

香蕉面包
BANANA BREAD

6人份

准备时间：10分钟

烘烤时间：1小时

原料表

香蕉（不要熟透）4根
全麦粉120克
泡打粉2咖啡匙
细砂糖65克
鸡蛋3个
菜籽油4汤匙
燕麦片120克
肉桂粉2咖啡匙

1 用叉子将3根香蕉碾碎，备用。将全麦粉和泡打粉倒入碗中，混合均匀。将细砂糖、鸡蛋、菜籽油倒入碾碎的香蕉中，搅拌成泥。除最后一根香蕉之外，将剩余原料倒入香蕉泥中，搅拌均匀。

2 准备一个长20厘米、宽12厘米的蛋糕模，底部铺一层烘焙纸，侧壁先涂一层化黄油，再撒一层全麦粉。将面糊倒入蛋糕模。将剩余香蕉对切成两半，放在面糊上，切面朝上。

3 烤箱调至6挡，预热至180℃。放入烤箱烤45分钟。在蛋糕模上盖一张铝箔纸，继续烤15分钟即可。

焦糖苹果蛋糕

GÂTEAU AUX POMMES CARAMÉLISÉES

6人份

准备时间：30分钟

烘烤时间：40分钟

原料表

蛋糕原料

鸡蛋2个+蛋清2个

化黄油125克+25克（涂抹模具）

细砂糖125克

柠檬汁1/2个柠檬

面粉200克+适量（用于模具）

泡打粉1/2小袋（约5克）

盐1小撮

馅料原料

苹果500克

细砂糖60克

1 烤箱调至6挡，预热至180℃。开始制作蛋糕坯：将蛋黄和蛋清分离，分别打散备用。化黄油、细砂糖、蛋黄和柠檬汁一起打发至慕斯状。加入面粉和泡打粉。蛋清和盐一起打发至干性发泡，用刮刀将打发蛋清倒入蛋黄糊中，轻轻上下翻转搅拌均匀。

2 准备一个直径为24厘米的深口蛋糕模，模内先涂一层黄油，再撒一层面粉。将蛋糕糊倒入模具。

3 制作馅料：苹果洗净，切成两半，去子。将切开的苹果切面朝下，平放在案板上，将苹果切成片，但注意不要切断，使苹果底部依然连在一起。苹果片表面均匀撒一层细砂糖，放入蛋糕模，苹果底部浸入蛋糕糊中。放入烤箱烤40分钟即可。

其他版本

可用半盐黄油代替无盐黄油。

糖渍生姜巧克力蛋糕

CAKE AU CHOCOLAT ET AU GINGEMBRE CONFIT

4～6人份	准备时间：20分钟	烘烤时间：40分钟

原料表

黑巧克力100克

化黄油140克

糖粉140克

鸡蛋3个

面粉160克

泡打粉1小袋（约11克）

糖渍姜片50克

淋面原料

黑巧克力100克

淡奶油5毫升

生姜粉1咖啡匙

糖渍姜片20克

1 烤箱调至5～6挡，预热至170℃。黑巧克力切块，隔水加热至化开。化黄油和糖粉一起打发至慕斯状。加入鸡蛋，再次打发。加入化开的巧克力液，轻轻搅拌。缓缓加入面粉和泡打粉，再次搅拌。糖渍姜片切成小丁，倒入蛋糕糊轻轻搅拌。

2 准备一个25厘米的长条蛋糕模，模内先涂一层化黄油，再撒一层面粉。将蛋糕糊倒入模具，放入烤箱烤40分钟。从烤箱取出蛋糕，待完全冷却后脱模。

3 制作淋面。将黑巧克力切块，与淡奶油和生姜粉一起隔水加热，轻轻搅拌至化开。将巧克力淋面酱缓缓浇在冷却的蛋糕表面，最后撒上切成小丁的糖渍姜片，待冷却后即可享用。

其他配方

可用糖渍橙皮代替糖渍姜片。

布列塔尼李子蛋糕

FAR BRETON

6～8人份 | 准备时间：10分钟 | 烘烤时间：40～50分钟

原料表

鸡蛋4个

面粉250克

盐1小撮

细砂糖100克

牛奶70毫升

去核李子干300克

葡萄干（自选）50克

糖粉适量

1 烤箱调至6～7挡，预热至200℃。鸡蛋打散备用。面粉倒入大碗中，加入盐和细砂糖，搅拌均匀。依次加入蛋液和牛奶，用打蛋器充分搅拌均匀。

2 准备1个直径为24厘米的蛋糕模。先在蛋糕模中撒入去核李子干和葡萄干，再倒入面糊。放入烤箱烤40～50分钟：烤至蛋糕表面呈栗色即可。从烤箱取出蛋糕，微微冷却后撒上糖粉，即可享用。

科西嘉菲亚多纳乳酪蛋糕

FIADONE

 4人份 | 准备时间：15分钟 | 烘烤时间：30~40分钟

原料表

柠檬（或小柑橘）2个
鸡蛋4个
细砂糖150克
科西嘉山羊干酪或意大利乳清奶
酪500克

1 准备一个直径约22厘米的深口蛋糕模，模内涂一层化黄油。烤箱调至6挡，预热至180℃。

2 柠檬洗净，用刨丝器将柠檬皮刨成细丝。鸡蛋打散，加入细砂糖一起打发至慕斯状。加入科西嘉山羊干酪和柠檬皮，搅拌均匀。

3 将搅拌均匀的蛋糕糊倒入模具，放入烤箱烤30~40分钟。烤至15分钟时，将烤箱温度调至5~6挡、160℃。若担心蛋糕表面颜色过深或者烤焦，可将烤箱温度再调低一些。从烤箱取出蛋糕，微微冷却或完全冷却即可享用。

其他配方

像制作芝士蛋糕一样，用饼干碎与黄油混合，制作蛋糕坯底。
或者用提前制作的油酥面团作为蛋糕坯底，然后倒入蛋糕糊。

碧根果布朗尼

BROWNIE AUX NOIX DE PÉCAN

 30小块 | 准备时间：20分钟 | 烘烤时间：15～20分钟

原料表

黑巧克力100克
黄油185克+适量（涂抹模具）
细砂糖225克
鸡蛋3个
面粉90克
碧根果150克

1 烤箱调至6挡，预热至180℃。黑巧克力切块，与黄油、细砂糖一起倒入碗中，隔水加热至化开。注意全程开小火加热，水微微沸腾即可，避免沸水溅入巧克力中。

2 巧克力液加热过程中，用打蛋器搅拌均匀，然后将碗从热水中取出。打入鸡蛋，用打蛋器用力搅拌。加入过筛的面粉，继续搅拌。最后加入切成大块的碧根果，用刮刀上下轻轻搅拌均匀。

3 准备一个长35厘米、宽25厘米的长方形蛋糕模，模内涂一层化黄油。将蛋糕糊倒入模具，用抹刀将表面抹平。放入烤箱烤15～20分钟。注意将蛋糕烤至松软即可，可检查蛋糕烘烤程度：将刀尖插入蛋糕再拔出，刀尖须粘有蛋糕屑。

4 从烤箱取出蛋糕，微微冷却后脱模。将蛋糕倒扣在餐盘上，继续冷却。最后将蛋糕四个边切掉，再将蛋糕切成4厘米的小方块，放入甜品碟，即可享用。

<u>小贴士</u> 这款布朗尼蛋糕可放入保鲜盒储存几日。

布列塔尼黄油酥饼
KOUIGN-AMANN

| 6人份 | 准备时间：40分钟 | 冷藏时间：1小时 | 烘烤时间：30分钟 |

原料表

面包专用酵母10克

温水20毫升

半盐化黄油200克

面粉300克

无盐化黄油10克

细砂糖200克+50克（用于模具）

1 将面包专用酵母放入温水中溶解。半盐化黄油常温下软化备用。

2 面粉过筛，倒入大碗中。用手指在面粉中心挖个洞，倒入溶解的面包专用酵母和化黄油。开始揉面，揉10分钟左右，揉成光滑的面团。盖上布，放至温暖处醒发1小时左右，直至面团体积增大1倍。

3 将面团放在案板上，用擀面杖擀成薄薄的面皮。将融化的半盐化黄油均匀涂在擀开的面皮上，注意边缘留2厘米左右距离。再均匀撒一层细砂糖。将面皮折成三角形。

4 烤箱调至6~7挡，预热至200℃。三角形面团醒发几分钟后，再次擀开。之后再次折叠，折成四折，然后擀成长条状。将长条面条从一段开始卷起，卷成蜗牛状。用手掌将卷起的面饼压扁，压成直径约22厘米的圆形面皮。准备一个相同直径的深口蛋糕模，模内涂一层化黄油，再撒一层细砂糖。翻转蛋糕模，轻轻拍打，拍掉多余细砂糖。将面皮放入模具。

5 放入烤箱烤30分钟。为防止蛋糕表面烤焦，烘烤过程中注意观察表面烘烤程度。蛋糕烤至金黄时，在模具上盖一张锡纸，继续烘烤。从烤箱取出蛋糕，趁热脱模。微微冷却后，即可享用。

菠萝翻转蛋糕

GÂTEAU RENVERSÉ À L'ANANAS

4~6人份　｜　准备时间：15分钟　｜　烘烤时间：35分钟

原料表

菠萝片150克
黄油200克
鸡蛋4个
细砂糖200克
面粉200克
泡打粉2咖啡匙

焦糖原料

细砂糖75克

1 烤箱调至6~7挡，预热至200℃。首先制作焦糖：将细砂糖倒入小平底锅，加3汤匙水，中火加热，熬成金黄色黏稠的焦糖（若蛋糕模可以直接加热，也可直接将细砂糖倒入深口圆形蛋糕模进行），将熬好的焦糖倒入深口圆形蛋糕模。菠萝片洗净、沥干，铺在焦糖上。

2 黄油放入微波炉加热至化开。鸡蛋和细砂糖倒入碗中，用电动打蛋器打发至发白起泡。加入化黄油，搅拌均匀。加入过筛的面粉和泡打粉，搅拌至蛋糕糊变得均匀、顺滑。将蛋糕糊倒入模具，放入烤箱烤35分钟。

3 从烤箱取出蛋糕，冷却后脱模，即可享用。

小贴士　若条件允许，建议选用当季的新鲜菠萝，尤其是维多利亚品种的菠萝味道最好。若制作蛋糕时剩余部分菠萝（新鲜菠萝或者菠萝罐头），可将菠萝切成小块，插上小木棍，放在蛋糕上做装饰。也可以将剩余菠萝制成菠萝果酱，搭配蛋糕一起享用。

草莓柠檬酱蛋糕卷

GÂTEAU ROULÉ AUX FRAISES ET AU LEMON CURD

4～6人份	准备时间：30分钟	烘烤时间：5～6分钟

原料表

草莓100克
柠檬酱200克
鸡蛋3个
细砂糖100克
香草精1/2咖啡匙
牛奶1汤匙
面粉100克

装饰配料

糖粉适量
草莓适量（装饰）

1 蛋黄、蛋清分离，备用。用电动打蛋器将蛋黄、细砂糖和香草精一起打发，打发至发白起泡，体积增大一倍。加入牛奶，再用刮刀加入过筛的面粉，上下轻轻搅拌均匀。

2 将蛋清打发至泡沫状，缓缓倒入面糊中，用刮刀轻轻上下搅拌均匀。

3 烤箱调至6～7挡，预热至200℃。准备一个方形烤盘，底部和侧壁都铺一层烘焙纸。将蛋糕糊倒入烤盘，厚度约2厘米。放入烤箱烤5～6分钟，烤至表面微微上色即可。

4 从烤箱取出烤盘，将蛋糕坯倒扣在铺有烘焙纸的台面上。揭掉蛋糕坯表面烘焙纸。趁热将蛋糕坯从一端开始卷起，卷成蛋糕卷。保持3分钟后，再将蛋糕坯展开平铺。

5 草莓切成小丁。先在蛋糕坯表面均匀涂一层柠檬酱，再撒一层草莓丁。再次将蛋糕从一端开始卷起，卷成蛋糕卷。裹上烘焙纸，常温冷却。

6 待蛋糕完全冷却后，揭掉烘焙纸。表面撒一层糖粉，放适量草莓丁装饰，即可享用。

<u>小贴士</u> 可自制柠檬乳酪酱（详见本书第490页）。

红果巧克力卷

ROULÉ AU CHOCOLAT ET AUX FRUITS ROUGES

8人份	准备时间：20分钟	烘烤时间：20分钟	冷藏时间：3小时

原料表

蛋糕坯原料

鸡蛋4个

细砂糖75克

面粉75克

可可粉25克

夹心原料

全脂淡奶油（冷藏）20毫升

红色果酱或果胶4汤匙

红色水果（自选）200克

可可粉（或糖粉）适量

1 制作蛋糕坯：将蛋黄和一半细砂糖一起打发至发白起泡。面粉和可可粉过筛，备用。将剩余一半细砂糖缓缓倒入蛋清中，边倒入边打发，打发至呈泡沫状。

2 烤箱调至6挡，预热至160℃。将打发蛋清缓缓倒入打发蛋黄中，上下轻轻搅拌。再加入面粉和可可粉，上下轻轻搅拌均匀。准备一个方形烤盘，底部和侧壁铺一层烘焙纸，倒入蛋糕糊。放入烤箱烤20分钟。

3 从烤箱取出烤盘，将蛋糕坯倒扣在铺有烘焙纸的台面上。揭掉蛋糕坯表面烘焙纸。趁热将蛋糕坯从一端开始卷起，卷成蛋糕卷。保持3分钟后，将蛋糕坯展开平铺。

4 制作夹心：将全脂淡奶油打发。加入红色果酱，用刮刀上下轻轻搅拌。注意不要过度搅拌。用抹刀将夹心酱均匀涂在蛋糕坯上，注意边缘留4厘米左右距离。均匀撒一层红色水果（预留少量装饰用）。再次将蛋糕从一端卷起，卷成蛋糕卷，放入冰箱冷藏或放置阴凉处3小时。

5 撒上可可粉，放剩余水果装饰，即可享用。

维也纳苹果卷（步骤详解）
STRUDEL AUX POMMES (PAS À PAS)

| 6～8人份 | 准备时间：50分钟 | 醒发时间：2小时 | 烘烤时间：50分钟 |

面包屑40克

蛋黄1个

食用油3汤匙

肉桂粉1咖啡匙

苹果1.2千克

核桃仁100克+葡萄干100克

黄油150克

面粉400克

黄糖60克

原料表

饼皮原料

面粉400克
盐1咖啡匙
蛋黄1个
食用油3汤匙
黄油100克+适量（涂抹模具）

夹心原料

苹果1.2千克
黄油50克
核桃仁100克
葡萄干100克
黄糖60克
肉桂粉1咖啡匙
面包屑40克

装饰配料

糖粉适量
肉桂粉适量

1 制作饼皮：面粉过筛至大碗中。盐和蛋黄用一杯温水稀释，备用。

2 用手指在面粉中心挖个洞，倒入稀释后的蛋黄液和食用油。开始快速揉面，揉成一个柔软的面团。

3 将面团放在撒有面粉的案板上，继续揉面，揉至面团光滑且可拉伸的阶段。用布盖上面团，醒发2小时。

4 制作夹心：苹果洗净，去皮，去子，切成小块。

5 将苹果块和黄油倒入平底锅，大火加热5分钟。核桃仁碾碎，微微烘烤。将剩余原料全部倒入平底锅，和苹果块混合，轻轻搅拌均匀。常温冷却。

6 将两块干净的布铺在案板上，铺成长120厘米、宽40厘米的长方形。表面撒一层面粉，再将醒发后的面团擀开，擀成同样大小的长方形面皮。

7 用小刀切掉多余的面皮。黄油加热化开后，用刷子在面皮表面均匀涂一层黄油。

8 将夹心放入面皮一端，左右两侧边缘各留3厘米左右距离。将饼皮从一端卷起，裹住夹心，卷成卷。

9 烤箱调至6~7挡，预热至190℃。准备一个烤盘，涂一层黄油。将苹果卷放入烤盘。若苹果卷过长，可将其轻轻对折，使苹果卷全部放入烤盘。

10 在苹果卷表面涂一层化黄油，放入烤箱烤35分钟。

11 从烤箱取出苹果卷，用茶漏将糖粉或肉桂粉过筛，撒在表面，即可享用。

香料面包
PAIN D'ÉPICE

6人份 | 准备时间: 20分钟 | 烘烤时间: 1小时

原料表

牛奶10毫升
蜂蜜200克
细砂糖80克
蛋黄2个
苏打粉1咖啡匙
面粉300克
柠檬汁2汤匙
糖渍水果100克
肉桂粉1咖啡匙
化黄油（涂抹模具）20克
砂糖粒适量

1 前一晚开始准备。将牛奶、蜂蜜和细砂糖倒入小平底锅，边小火加热边搅拌均匀。

2 制作当天。将蛋黄打散，倒入1/2蜂蜜牛奶，搅拌均匀。加入苏打粉，再次搅拌。最后倒入剩余1/2蜂蜜牛奶，搅拌均匀。

3 烤箱调至6挡，预热至180℃。面粉过筛至大碗中，备用。依次加入其他原料：蜂蜜蛋奶液、柠檬汁、切碎的糖渍水果和肉桂粉，持续搅打10分钟。

4 准备一个长条蛋糕模，模内涂一层化黄油，模外裹一层锡纸。将蛋糕糊倒入模具，撒入适量砂糖粒，放入烤箱烤1小时。

5 从烤箱取出蛋糕，脱模，置于烤架上冷却。冷却24小时，即可享用。

玫瑰杏仁布里欧修

BRIOCHE AUX PRALINES

4~6人份	准备时间：30分钟	醒发时间：4小时	烘烤时间：3小时

原料表

玫瑰杏仁糖130克

面包原料

面包专用酵母5克

面粉190克

细砂糖20克

盐1/2咖啡匙

鸡蛋3个

黄油（常温）150克

1 首先制作布里欧修面团：将面包专用酵母碾碎，倒入搅拌碗。加入面粉、细砂糖和盐，用木勺搅拌均匀。逐个加入鸡蛋，每次搅拌均匀后再加入下一个鸡蛋。加入切成小块的黄油。充分搅拌至面团不粘容器壁。

2 将100克玫瑰杏仁糖碾成大块，再将剩余30克玫瑰杏仁糖放入搅拌机打碎或者用布包裹起来再用擀面杖碾碎。将100克玫瑰杏仁糖块倒入面团中，轻轻搅拌均匀。

3 用潮湿的布盖上面团，置于温暖处醒发3小时，直到面团体积增大一倍。

4 将醒发后的面团揉成圆球。准备一个烤盘，铺一层烘焙纸，或者准备一个圆形蛋糕模。将面团放在烤盘或者蛋糕模内。将剩余玫瑰杏仁糖碎撒在表面，继续醒发1小时。

5 烤箱调至7~8挡，预热至230℃。将面包放入烤箱烤15分钟，然后将烤箱温度调至6挡、180℃，继续烤30分钟。从烤箱取出面包，微微冷却，即可享用。

半熟巧克力烤梨
MI-CUITS CHOCO-POIRE

4人份	准备时间：25分钟	烘烤时间：8~10分钟

原料表

鸡蛋3个
威廉梨（未熟透）1个
香草荚1/2根
黑巧克力130克
黄油80克+25克（涂抹模具）
盐1小撮
细砂糖40克
玉米淀粉20克
面粉（用于模具）25克

1 烤箱调至5~6挡，预热至170℃。准备4个小蛋糕模，先用刷子在模具内涂一层化黄油，再撒一层面粉。将蛋清和蛋黄分离，分别倒入碗中。威廉梨去皮、去子，切成小块。香草荚剖开，取籽备用。

2 黑巧克力掰成块，放入碗中，隔水加热至化开后，关火，将碗取出。加入黄油块，用刮刀搅拌至质地顺滑。加入香草籽、盐、细砂糖和蛋黄，轻轻搅拌。再加入玉米淀粉和梨块，充分搅拌均匀。

3 将蛋清打发至硬性发泡。用刮刀将打发蛋清倒入巧克力糊中，轻轻翻拌搅拌。

4 将蛋糕糊分别倒入蛋糕模中，放入烤箱下层烤8~10分钟。从烤箱取出蛋糕，冷却2分钟（最多）后脱模，放入甜品碟。即刻享用口味最佳。

其他配方

可用150克覆盆子代替梨来制作这款蛋糕。

蔬菜甜品

DESSERTS AUX LÉGUMES

当说到用蔬菜来制作甜品时，我们很快就能想到胡萝卜蛋糕（详见本书第30页）和美式南瓜派，胡萝卜和南瓜不但可以用来制作甜品，还有其他用途。

牛油果奶油杯
CRÈME DESSERT À L'AVOCAT

在巴西，牛油果经常被用于制作各种甜食，比如这款快手牛油果奶油杯。

> 6小杯
> 准备时间：10分钟

· 牛油果（熟透）3个
· 青柠檬2个
· 红糖2汤匙
· 椰子奶油20毫升

1　先将1个青柠檬挤汁备用。再将牛油果、柠檬汁、红糖和椰子奶油倒入搅拌机搅拌均匀。

2　将牛油果奶油酱分别倒入6个小玻璃杯。剩余1个柠檬切成片，放入玻璃杯装饰即可。

西葫芦巧克力玛芬蛋糕
MOELLEUX CHOCOLAT-COURGETTE

人们在制作蛋糕时，很少会用到西葫芦。但令人意外的是西葫芦的使用不但可以减少黄油的用量，还能使面团变得柔软。这个蛋糕配方中，还可以用150～200克的甜菜来代替西葫芦。

6份
准备时间：10分钟·烘烤时间：25分钟

- 鸡蛋1个
- 黄油30克
- 面粉100克
- 西葫芦1个
- 红糖60克
- 黑巧克力100克
- 泡打粉2咖啡匙

1 烤箱调至6挡，预热至180℃。鸡蛋和红糖倒入搅拌碗，一起打发至慕斯状。黑巧克力和黄油倒入平底锅加热至化开，然后倒入搅拌碗与打发蛋液混合。加入面粉和泡打粉，轻轻搅拌均匀。

2 西葫芦擦成丝，用手轻轻挤掉多余水分。将160克西葫芦丝倒入蛋糕糊，搅拌均匀。

3 准备6个玛芬蛋糕模，用刷子在模内涂一层化黄油或铺一层烘焙纸。将蛋糕糊均匀地倒入6个模具中，放入烤箱烤25分钟。

还有哪些蔬菜适合制作甜食呢?

- 可用红薯泥搭配橙子和香料制作玛芬蛋糕。
- 制作布朗尼时，可用黑豆泥代替部分黄油来增加蛋糕的植物蛋清含量。可以用蔬菜来制作无麸质版蛋糕，因为添加的面粉是不起作用的。

半熟黑巧克力

MI-CUITS AU CHOCOLAT NOIR

4人份	准备时间: 25分钟	冷藏时间: 2小时	烘烤时间: 12分钟

原料表

黑巧克力120克
黄油120克+适量（涂抹模具）
鸡蛋3个
细砂糖180克
面粉40克+适量（用于模具）

1 黑巧克力掰成块，和黄油一起倒入搅拌碗，隔水加热或用微波炉加热至化开，搅拌至顺滑。

2 鸡蛋和细砂糖倒入搅拌碗，一起打发。加入面粉，轻轻搅拌。再加入化开的巧克力黄油，轻轻搅拌。放入冰箱冷藏2小时。

3 烤箱调至6挡，预热至180℃。准备4个直径为8厘米的慕斯圈（或者4个大蛋糕模），用刷子在模内涂一层化黄油，再撒一层面粉。将慕斯圈放在铺有烘焙纸的烤盘上。从冰箱取出巧克力糊，均匀倒入4个慕斯圈中，至慕斯圈3/4处即可。放入烤箱烤12分钟。

4 从烤箱取出蛋糕，冷却5分钟。用刀沿着蛋糕模内壁轻轻划一圈，使蛋糕脱模。

5 食用时，可搭配香草冰激凌球、香草或开心果英式蛋奶酱享用。

<u>小贴士</u> 若使用玻璃或陶瓷蛋糕模，建议不脱模，直接食用，以免破坏蛋糕形状。

熔岩巧克力蛋糕

GÂTEAU ULTRAFONDANT AU CHOCOLAT

8～10人份 | 准备时间：10分钟 | 烘烤时间：15～20分钟

原料表

黑巧克力250克
黄油250克
细砂糖180克
橙汁4汤匙
橙皮屑1/2个橙子
鸡蛋4个
面粉8汤匙（满匙）

1 建议提前一天制作。将黑巧克力掰成块后和黄油一起倒入小平底锅，加热至融化。加入细砂糖、橙汁和橙皮屑，搅拌。逐个加入鸡蛋，继续搅拌。最后加入面粉，搅拌均匀。

2 烤箱调至5挡，预热至150℃。准备1个直径为24～26厘米的深口圆形蛋糕模（或者同等大小的长方形蛋糕模），用刷子在模内涂一层化黄油，再撒一层面粉。将蛋糕糊倒入模具，放入烤箱烤15～20分钟。

3 从烤箱取出蛋糕。若感觉蛋糕内部未完全烤熟，属于正常现象，不必再次放入烤箱烘烤。将蛋糕放入冰箱冷藏，次日享用口味最佳。

小贴士 鉴于这款蛋糕甜度很高，建议小口食用，以免觉得甜腻。未吃完的蛋糕可放入冰箱冷藏保存，冷藏后口感仍然很好。

希巴皇后
REINE DE SABA

6人份

准备时间：25分钟

烘烤时间：35分钟

原料表

面粉（用于模具）25克
杏仁薄片30克
可可含量为60%的黑巧克力120克
化黄油70克+25克（涂抹模具）
玉米淀粉40克
可可粉20克
鸡蛋3个
细砂糖80克
杏仁粉70克
盐1小撮

1 准备1个直径22厘米的深口圆形蛋糕模（或直径为16厘米的夏洛特蛋糕模），用刷子在模具内壁涂一层化黄油，再撒一层面粉。

2 将杏仁薄片倒入不粘平底锅，小火微微烤干，烤至表面变得金黄。待杏仁薄片冷却后，均匀铺在蛋糕模底部。放入冰箱冷藏，备用。

3 烤箱调至6挡，预热至180℃。黑巧克力切块，和化黄油一起倒入平底锅，小火加热或隔水加热至化开，其间不断搅拌至质地顺滑。将玉米淀粉和可可粉过筛。

4 蛋清和蛋黄分离，分别倒入碗中备用。蛋黄中加入细砂糖，打发至呈慕斯状。再依次加入黄油巧克力酱、玉米淀粉、可可粉和杏仁粉，持续搅拌。

5 蛋清中加入盐，打发至硬性发泡。先将2汤匙打发蛋清倒入蛋糕糊中，快速搅拌。再缓缓倒入剩余打发蛋清，用刮刀轻轻上下翻拌搅拌。

6 从冰箱取出蛋糕模，倒入蛋糕糊。放入烤箱烤35分钟。从烤箱取出蛋糕，脱模，置于烤架上冷却。

巧克力软蛋糕

MOELLEUX AU CHOCOLAT

8人份　｜　准备时间：20分钟　｜　烘烤时间：25分钟

原料表
黑巧克力250克
黄油125克+25克（涂抹模具）
鸡蛋8个
盐1小撮
细砂糖150克
面粉50克
糖粉适量

1 黑巧克力切成块，和黄油一起倒入小平底锅，小火或隔水加热至化开，其间不断搅拌至质地顺滑。

2 烤箱调至8~9挡，预热至250℃。蛋黄和蛋清分离，分别放入碗中备用。将蛋清和盐一起打发至泡沫状。

3 蛋黄中加入细砂糖，用手动或自动打蛋器，打发至发白起泡。依次加入打发蛋清、黄油巧克力酱和面粉，持续搅打至蛋糕糊体积增大。

4 准备1个直径为22厘米的深口圆形蛋糕模，用刷子在模具内壁涂一层化黄油。将蛋糕糊倒入模具，放入烤箱烤5分钟。将烤箱调至5挡，温度降至150℃，继续烤20分钟。之后，检查蛋糕烘烤程度：将刀尖插入蛋糕再拔出，刀尖应呈湿润状并粘有蛋糕屑。

5 从烤箱取出蛋糕，脱模，置于烤架上冷却。微微冷却后在蛋糕表面撒适量糖粉，此时享用口味最佳。

香料巧克力方蛋糕

PAVÉ DE CHOCOLAT AMER AUX ÉPICES DOUCES

| 8～10人份 | 准备时间：20分钟 | 烘烤时间：1小时 |

原料表

黑巧克力250克

黄油250克+25克（涂抹模具）

细砂糖180克

面粉75克

鸡蛋3个

香草粉1/2咖啡匙

混合香料（肉桂粉、茴香粉、
豆蔻粉）4小撮

装饰配料

糖粉1汤匙

肉桂粉1/2咖啡匙

1 黑巧克力和黄油切块，备用。细砂糖倒入深口平底锅，加10毫升水，加热至沸腾。再加入巧克力块和黄油块，调小火，边加热边搅拌至质地顺滑。关火。

2 烤箱调至5～6挡，预热至170℃。将面粉倒入搅拌碗，依次加入3个鸡蛋（每次搅拌均匀后再加入下一个）。加入香草粉和混合香料，搅拌均匀。最后将面糊倒入黄油巧克力酱中，用力搅拌均匀。

3 准备一个长方形蛋糕模，模内铺一层烘焙纸，再用刷子在烘焙纸上涂一层黄油。将蛋糕糊倒入模具，模具放入盛水的烤盘中。放入烤箱，用水浴烤法（用水蒸气的热度来加热原材料，避免加热温度过高不可控）烤1小时。从烤箱取出蛋糕，微微冷却后脱模。糖粉和肉桂粉混合，撒在蛋糕表面装饰，即可享用。

挞、酥脆
TARTES & CRUMBLES

马斯卡彭香缇奶油草莓挞

TARTE AUX FRAISES, CHANTILLY AU MASCARPONE

6人份

准备时间：25分钟

烘烤时间：15~20分钟

原料表

草莓500克
马斯卡彭奶酪100克
纯黄油油酥派皮1张
细砂糖1汤匙
全脂淡奶油（冷藏）25毫升
糖粉2汤匙+适量
香草精1/2咖啡匙
白巧克力50克

1 烤箱调至6挡，预热至180℃。将纯黄油油酥派皮放入直径26厘米的圆形蛋糕模内，尽量选择活底蛋糕模。在纯黄油油酥派皮表面均匀撒一层细砂糖，放入烤箱烤15~20分钟。从烤箱取出派皮，放至完全冷却。

2 将马斯卡彭奶酪、全脂淡奶油、糖粉和香草精一起倒入搅拌碗，用电动搅拌器打发至硬性发泡。若室温较高，请将打发好的马斯卡彭香缇奶油放入冰箱冷藏备用。

3 以下步骤请在食用前进行。草莓洗净、切片。从冰箱取出马斯卡彭香缇奶油，均匀涂在冷却的挞皮表面。先将草莓片摆成花瓣状，再在表面撒少量糖粉。最后用削皮器将白巧克力削成薄片，均匀撒在草莓挞表面。即刻享用，口感最佳。

大黄奶油小酥挞

TARTELETTES À LA RHUBARBE

4人份	准备时间：30分钟	浸渍时间：8小时	醒发时间：30分钟	沥干时间：30分钟	烘烤时间：30～35分钟

原料表

大黄茎4～5根
细砂糖30克
糖粉适量

水油酥皮原料

面粉180克
半盐黄油90克+25克（涂抹模具）
冷水7毫升

奶油馅原料

鸡蛋1个
细砂糖75克
牛奶3汤匙
淡奶油2汤匙
杏仁粉25克
黄油55克

1 前一晚开始准备。大黄洗净，切成段，长度与模具大小一致。大黄段放入碗中，撒入细砂糖。加盖，放入冰箱冷藏糖渍8小时以上。

2 第二天开始制作水油酥皮（详见本书第470页）。将水油酥皮面团揉成圆球状，裹上保鲜膜，放至阴凉处（或放入冰箱冷藏）30分钟以上。

3 从冰箱取出大黄，倒入滤碗沥干，约30分钟。烤箱调至6挡，预热至180℃。用刷子在4个模具内都涂一层化黄油，再将面团擀成4张酥皮，分别放入模具。用叉子在酥皮底部扎一些孔，再铺一层烘焙纸，在烘焙纸上铺一层干蔬菜。放入烤箱烤15分钟。

4 开始制作奶油馅：将鸡蛋和细砂糖一起打发，依次加入牛奶、淡奶油、杏仁粉和黄油，搅拌均匀。

5 从烤箱中取出烤好的挞皮，拿掉烘焙纸和蔬菜。将沥干的大黄段均匀摆放在挞皮上，倒入奶油馅。再次放入烤箱，烤15～20分钟。从烤箱取出小酥挞，待完全冷却或冷却至温热时，撒一层糖粉，即可享用。

搭配建议

这款小酥挞可搭配草莓果酱，或者在表面涂一层意式蛋清霜（详见本书第484页），置于烤架烤5分钟，表面呈金黄色即可。

苹果派
APPLE PIE

6～8人份 | 准备时间：30分钟 | 醒发时间：30分钟 | 烘烤时间：50分钟

原料表

苹果1千克
柠檬（取汁）1个
鸡蛋1个

水油酥皮原料

黄油150克
面粉300克
盐1/2咖啡匙

夹心原料

面粉40克
红糖50克
香草粉1小撮
肉桂粉1/2咖啡匙
肉豆蔻1小撮

1 首先制作水油酥皮（详见本书第470页）；酥皮面团放入冰箱冷藏30分钟以上。从冰箱取出酥皮面团，揉成2个圆球，分别为300克和200克。将2个面球擀开，擀成3毫米的派皮。准备一个直径为22厘米的派盘，用刷子刷一层黄油，然后放入大派皮，轻轻按压使派皮贴紧底部和侧壁。

2 准备夹心。将面粉、红糖、香草粉、肉桂粉和肉豆蔻倒入搅拌碗，混合均匀。将一半夹心均匀铺在派盘内的派皮上。

3 烤箱调至6～7挡，预热至200℃。苹果去皮，切片。苹果片由外向中心依次摆放在夹心表面。将柠檬汁均匀浇在苹果片上，然后将剩余一半夹心均匀铺在表面。

4 最后放入小派皮，盖满表层。鸡蛋打散，用刷子在派皮边缘涂一层蛋液，然后将大派皮边缘向内卷，与小派皮边缘贴合、捏紧。在派皮表面扎一些小孔，再用刷子涂一层蛋液。放入烤箱烤10分钟。从烤箱取出派盘，在派皮表面再刷一层蛋液，继续放入烤箱烤40分钟。

法式反烤苹果挞（步骤详解）
TATIN AUX POMMES (PAS À PAS)

6人份	准备时间：40分钟	醒发时间：30分钟	烘烤时间：30分钟

黄油175克

苹果（不要熟透、皮软的）
1千克

全脂奶油（或香草冰激凌）
15毫升

面粉200克

细砂糖100克+2汤匙

1 首先制作水油酥皮（详见本书第470页），酥皮面团醒发30分钟。

2 制作夹心：苹果洗净、去皮，切成四瓣。

3 黄油切块。准备1个金属或铸铁挞盘（可明火加热），用刷子在盘内刷一层黄油。撒入部分黄油块和细砂糖，铺满盘底。

4 苹果块依次摆放在挞盘内，再撒入剩余黄油块。

5 将挞盘置于火上，大火加热10分钟，逐渐形成焦糖。加热至焦糖呈金黄色。

6 烤箱调至6挡，预热至180℃。用手轻揉酥皮面团，先用手掌压扁，再用擀面杖擀成约4毫米厚的圆形挞皮。

7 用刀切掉多余挞皮，使挞皮直径大于模具直径4厘米。

8 将挞皮放入模具，盖在焦糖苹果块上。轻轻按压折叠挞皮边缘，使其与挞盘贴紧。放入烤箱烤30分钟。

9 若苹果汁水过多，从烤箱取出挞盘后，用隔热手套抓住挞盘，倾斜，缓缓地将多余的汁水倒入小平底锅。先加热至汁水沸腾，再继续加热，熬成黏稠的焦糖备用。

10 先将餐盘倒扣在挞盘上，然后翻转，使苹果挞置于餐盘内。倒入熬好的焦糖。静置几分钟使焦糖冷却凝固，表面呈果冻状。

11 温热时享用，口感最佳。可搭配全脂奶油或香草冰激凌。

猕猴桃挞

TARTE AUX KIWIS

6人份	准备时间：20分钟	醒发时间：30分钟	烘烤时间：20分钟

原料表

猕猴桃7～8个
干蔬菜适量

水油酥皮原料

黄油100克+25克（涂抹模具）
面粉200克
盐1小撮
细砂糖2汤匙

奶油原料

蛋黄2个
细砂糖80克
面粉1咖啡匙
牛奶20毫升
黑醋栗果胶1汤匙

1 首先制作水油酥皮：黄油切成小丁。面粉倒入搅拌碗，用手指在面粉中心挖个洞，先倒入盐和细砂糖，再倒入黄油丁。用手快速搅拌，将原料混合均匀。加入5汤匙冷水，开始揉面，揉成一个光滑的面团。案板上撒一层面粉，将面团放在案板上，用手反复折叠按压，注意不要过度揉面。再次把面团揉成圆球，裹上保鲜膜，放入冰箱冷藏30分钟以上。

2 烤箱调至6～7挡，预热至200℃。从冰箱取出面团，用擀面杖擀成3毫米厚的挞皮。准备一个直径为26厘米的挞盘，用刷子涂一层化黄油，放入挞皮，轻轻按压使其贴紧挞盘。用叉子在挞皮表面上扎一些孔，铺一层烘焙纸，再铺一层干蔬菜。放入烤箱烤20分钟。

3 烤挞皮期间，开始制作奶油：将蛋黄、细砂糖、面粉和牛奶倒入平底锅，搅拌均匀。小火加热，并不断用勺子搅拌，直到质地开始变得黏稠。关火，加入黑醋栗果胶。

4 从烤箱取出挞盘，拿掉烘焙纸和蔬菜。酥皮冷却至温热时，倒入黑醋栗奶油酱。

5 猕猴桃剥皮，切成圆片。将猕猴桃片轻轻叠放，铺满挞盘。放入冰箱冷藏。食用时取出即可。

花式酥挞

LES TARTES FLEURS

这是酥挞中较为经典的款式，只是制作时需要多一点耐心：目的是为了制作出像花苞一样漂亮的花式酥挞。

成功的关键
Les clefs de la réussite

· 苹果最适合用于制作酥挞。建议选择纯天然、品相好的苹果，保留果皮，利用果皮和果肉间颜色的强烈反差制作出更加诱人的酥挞。

· 建议选用一把锋利的刀或者使用果蔬切片器，切出完美、均匀的薄片。

· 为使口感更加柔软、风味更加浓郁，可在挞皮表面薄涂一层苹果果酱。

· 除苹果之外，其他水果也可用于制作酥挞。比如梨，但梨不适合切片，切片时易碎。与梨相比，芒果更不易切成片。若使用熟透的芒果来制作酥挞，可以省略预烤这个步骤。

1 苹果洗净，用去核器去除果核。先
切成两半，再切成薄片。事先准备
一碗添加柠檬汁的冷水，边切边将苹果片
放入碗中，避免苹果片过快氧化。将盛
有苹果片的碗放入微波炉高火加热2分钟。
从微波炉取出后，轻轻搅拌，使苹果片和
柠檬汁混合均匀。再次将碗放入微波炉加
热2分钟。取出，常温放至温热。

2 从碗中捞出苹果片，铺在厨房纸巾
上，微微吸干多余水分。将3片苹
果片依次叠加摆放，轻轻从一端卷起，卷
成花冠状。按照同样的方法，依次将剩余
苹果片卷成一个个花冠。

3 事先准备好一张挞皮，用叉子在挞
皮表面扎一些孔，放入烤箱预烤
（见下文）。卷好的苹果花依次垂直摆放
在挞皮表面。用刷子在苹果花表面轻轻刷
一层温热的果胶（木瓜、苹果或其他水果
均可）。

4 撒适量红糖粉，放入烤箱烘烤。

预烤挞皮
若不喜欢苹果烤至过熟，可先将挞皮
放入预热至180℃的烤箱中预烤15分
钟（详见本书第475页），然后摆放苹
果花，继续烤15分钟。
若喜欢较柔软的口感，可将挞皮和苹
果花同时放入预热至180℃的烤箱中
烤25～30分钟。

苹果玫瑰酥

ROSES FEUILLETÉES AUX POMMES

6人份

准备时间：20分钟

烘烤时间：30分钟

原料表

纯黄油千层酥皮面团1份
苹果3个
苹果酱100克
糖粉1咖啡匙

1 烤箱调至6挡，预热至180℃。酥皮面团擀成面皮，先切成3厘米宽的长条，再将这些长条切成两段。

2 用工具将苹果削成约2毫米厚的薄片。将苹果片倒入盛有沸水的平底锅煮10分钟，使质地变柔软。

3 先拿一片长条面皮，其中一面涂一层苹果酱，然后将6～7片苹果片交叠摆放在面片上，轻轻压平。将面皮从一端开始向内卷起，卷成玫瑰花状。按照同样的方法将其余面皮和苹果片也卷成玫瑰花状。

4 卷好的玫瑰酥坯放入玛芬蛋糕模，放入烤箱烤20分钟。从烤箱取出后，撒上糖粉，即可享用。

布鲁耶尔洋梨挞

TARTE BOURDALOUE

6人份	准备时间：30分钟	醒发时间：30分钟	烘烤时间：30～40分钟

原料表

糖渍梨罐头1大盒（约850克）
或8个1/2自制水煮梨（详见本书第330页）

油酥派皮面团原料

面粉250克
黄油160克+25克（涂抹模具）
蛋液1个
细砂糖70克

杏仁奶油酱原料

鸡蛋2个
细砂糖100克
杏仁粉120克
化黄油120克

1 首先制作油酥派皮面团：面粉过筛后倒在案板上。黄油切成小块，用手将面粉与黄油块混合揉搓，直到黄油块与面粉完全融合，面团呈粗粒状。用手指在面团中心挖个洞，先倒入蛋液，再倒入细砂糖，用手将原料搅拌混合，但注意不要过度搅拌。用手掌将面团在案板上轻揉，使面团更加均匀。面团揉成圆球，用手掌轻轻压扁。裹上保鲜膜，放入冰箱冷藏30分钟以上。

2 烤箱调至6～7挡，预热至190℃。开始制作杏仁奶油酱：鸡蛋和细砂糖倒入搅拌碗，一起打发。加入杏仁粉和化黄油，搅拌均匀。

3 从冰箱取出面团，擀成2毫米厚的挞皮。准备一个直径26厘米的圆形活底蛋糕模，用刷子在模内涂一层化黄油。先将挞皮放入蛋糕模，再均匀涂满杏仁奶油酱。水煮梨沥干，切成薄片，交叠摆放在案板上。用手掌根轻压梨片一端，轻轻移动手掌，将梨片摆成扇形。用刮刀依次将扇形梨片轻轻放入模具，依次摆放成花瓣状。放入烤箱下层，烤30～40分钟。从烤箱取出洋梨挞，微微冷却后脱模。待完全冷却后，即可享用。

小贴士 油酥派皮置于冰箱冷藏24小时后使用效果更佳。

覆盆子船挞

BARQUETTES AUX FRAMBOISES

10～12人份	准备时间：15分钟	醒发时间：30分钟	烘烤时间：10-15分钟

原料表

覆盆子200克
黑醋栗（或覆盆子）果胶5汤匙
干蔬菜适量

水油酥皮原料

黄油100克+40克（涂抹模具）
面粉200克
盐1小撮
细砂糖2汤匙

卡仕达酱原料

蛋黄3个
细砂糖50克
面粉20克
牛奶25毫升

1 首先准备水油酥皮面团：黄油切成小丁。面粉倒入搅拌碗，用手指在面粉中心挖个洞，依次倒入盐、细砂糖和黄油丁。用手指朝一个方向快速搅拌面粉，将原料混合在一起。加入5汤匙水，开始揉面，揉至面团变得柔软。案板上撒一层面粉，将面团放在案板上折叠、按压，注意此时不要再过度揉面。最后将面团揉成圆球状，裹上保鲜膜，放入冰箱冷藏30分钟以上。

2 烤箱调至6挡，预热至180℃。从冰箱取出面团，擀成面皮。准备船挞模具，用刷子在模内涂一层化黄油。用压花工具将面皮压出模具形状的面皮，放入模具。用叉子在面皮表面扎一些孔。烘焙纸剪成相同形状，铺在面皮上，再铺一层干蔬菜。放入烤箱烤10～15分钟。

3 开始制作卡仕达酱：蛋黄和细砂糖一起倒入搅拌碗，快速打发至起泡。加入面粉，快速搅拌，但不要揉面。与此同时，牛奶加热至沸腾，倒入面粉中，用木勺持续快速搅拌，搅拌至蛋奶糊均匀顺滑。将蛋奶糊倒入深口平底锅，小火加热。加热至刚刚沸腾起泡时，关火。将制作好的卡仕达酱倒入碗中备用。

4 从冰箱取出模具，揭掉烘焙纸和干蔬菜。将卡仕达酱均匀倒入模具，剩余卡仕达酱留存备用。挑选适量品相较好的覆盆子，依次摆放在卡仕达酱上。将果胶倒入小平底锅，加热至温热。用刷子在覆盆子表面轻轻刷一层果胶。待船挞稍稍冷却、果胶凝固后，即可享用。

小贴士 这款船挞不适合放入冰箱冷藏储存，因此请在食用前制作。

迷迭香甜杏布里欧修挞

TARTE BRIOCHÉE AUX ABRICOTS ET AU ROMARIN

6人份	准备时间：20分钟	醒发时间：1小时30分钟	烘烤时间：25分钟

原料表

杏1千克

布里欧修面团原料

面包专用酵母5克

牛奶2汤匙

面粉175克

鸡蛋2个

盐1咖啡匙

细砂糖15克

黄油90克

夹心原料

鸡蛋1个

化黄油50克

细砂糖50克

杏仁粉50克

新鲜迷迭香碎1咖啡匙

1 首先制作布里欧修面团：牛奶加热至温热，倒入碗中。将面包专用酵母倒入温牛奶中浸泡10分钟。面粉倒在案板上，用手指在面粉中间挖个洞，倒入酵母牛奶、鸡蛋、盐、细砂糖和黄油。先快速搅拌，混合所有原料。然后开始揉面，至少揉10分钟，揉至面团光滑、上劲出膜（可使用厨师机或面包机来和面）。

2 将揉好的面团放入碗中，盖上布，放至温暖处（若是冬天，则放在暖气片旁边）醒发1小时30分钟左右，醒发至面团体积增大一倍。

3 烤箱调至6挡，预热至180℃。将醒发后的面团放在案板上，轻揉几下使面团体积微微变小。烤盘铺一张烘焙纸，放入面团，擀成面皮。

4 开始制作夹心：鸡蛋、化黄油和细砂糖倒入碗中，一起打发。依次加入杏仁粉和新鲜迷迭香碎，充分搅拌至混合均匀。

5 将夹心酱均匀涂在擀开的面皮表面。杏洗净，切成两半，去核。将杏依次摆放在夹心酱上，切开面朝上。放入烤箱烤25分钟。从烤箱取出后，微微冷却即可享用，此时口感最佳。

无花果薄酥挞

TARTELETTES FINES AUX FIGUES

6人份 | 准备时间: 15分钟 | 烘烤时间: 30分钟

原料表

纯黄油千层酥皮1张（230克）

夹心原料

松子1汤匙

整粒杏仁（或核桃）1汤匙

整粒开心果1汤匙

新鲜无花果6个

黄油40克

液体蜂蜜2~3汤匙

无花果醋（或香醋）2汤匙

1 烤箱调至6挡，预热至180℃。千层酥皮切成6个直径为8~10厘米的圆形面皮。烤盘铺一张烘焙纸，放入圆形酥皮。盖一个略小的烤盘（或其他模具），压住酥皮，放入烤箱烤10分钟。

2 开始制作夹心：将全部干果碾碎，混合在一起。无花果洗净、擦干表面多余水分，切成块。黄油放入平底锅加热，再加入无花果块。倒入液体蜂蜜，中火加热3分钟，其间不断轻轻搅拌。关火，用漏勺捞出无花果块备用。

3 再次加热平底锅内剩余汁水，加醋，轻轻搅拌。加热调味汁至沸腾，关火。

4 烤好的酥皮每张摆放6块无花果，撒适量干果碎，浇1汤匙调味汁。放入烤箱再次烤20分钟。从烤箱取出酥挞，微微冷却即可享用，此时口感最佳。

搭配建议

可搭配焦糖冰激凌球或斯派库鲁斯
冰激凌球。

芒果椰丝迷你夹心挞

MINI-TOURTES À LA MANGUE ET À LA NOIX DE COCO

6人份 | 准备时间：20分钟 | 醒发时间：30分钟 | 烘烤时间：40分钟

原料表

水油酥皮面团原料

黄油150克

面粉300克

盐1小撮

细砂糖（自选）4汤匙

夹心原料

芒果2个

半盐黄油30克+适量（涂抹模具）

香草砂糖1小袋（约7.5克）

糖粉50克

椰丝6汤匙

鸡蛋1个

---

1 首先制作水油酥皮面团：黄油切成小丁。面粉过筛，倒入搅拌碗。用手指在面粉中心挖个洞，先依次倒入盐和细砂糖，再倒入黄油丁。用手指朝一个方向快速搅拌，混合所有原料。倒入8汤匙水，开始揉面，揉至面团柔软。案板上撒一层面粉，将面团放在案板上，用手掌反复折叠按压几次，但注意不要过度揉面。最后将面团揉成圆球，裹上保鲜膜，放入冰箱冷藏30分钟以上。

2 开始制作夹心：芒果去皮、去核，切成小块。将半盐黄油放入平底锅，小火加热至化开，再加入香草砂糖，熬成焦糖。加入芒果块，中火加热5分钟。

3 烤箱调至6挡，预热至180℃。从冰箱取出面团，擀成面皮。用压花器压出12个圆形面皮。准备6个迷你圆形酥挞模，用刷子在模内涂一层黄油，在每个模内放入1张面皮。将一半椰丝均匀撒在6张面皮上，再均匀倒入芒果夹心酱，最后在每个模内再盖上1张面皮，用手指轻轻将上下面皮边缘捏紧。

4 用刀尖在表层面皮中心扎个孔，在表面画几何图案。鸡蛋打散，用刷子在表层面皮上刷一层蛋液。放入烤箱烤35分钟。

5 从烤箱取出酥挞，均匀撒入剩余椰丝和糖粉。微微冷却即可享用，此时口感最佳。

其他配方

若无新鲜芒果，可用冷冻芒果块代替。可在芒果块内添加少量姜丝，增添风味。

盐之花焦糖小酥挞

TARTELETTES AU CARAMEL À LA FLEUR DE SEL

10～12人份
30分钟

准备时间：
20分钟

醒发时间：
30分钟

烘烤时间：
40分钟

冷藏时间：
2小时

原料表

油酥派皮原料

香草荚（自选）1/2根
细砂糖70克
面粉250克
黄油160克+40克（涂抹模具）
鸡蛋1个
焦糖原料
细砂糖240克
全脂淡奶油30毫升
化黄油90克
盐之花1咖啡匙（满匙）
鸡蛋2个
干蔬菜适量

1 首先制作油酥派皮面团：香草荚剖成两半，取出香草籽，和细砂糖混合。面粉过筛后倒在案板上。黄油切成小块，倒在面粉上，用手指混合揉搓，使面粉和黄油块完全融合，面团呈粗粒状。用手指在面团中心挖一个洞，倒入蛋液和香草籽砂糖。用手指朝一个方面搅拌，混合所有原料，但注意不要过度搅拌。用手掌折叠、按压、轻揉面团，使变得均匀。最后将面团揉成圆球，用手掌轻轻压扁，再裹上保鲜膜，放入冰箱冷藏30分钟以上。

2 烤箱调至6挡，预热至180℃。准备12个直径12厘米的小酥挞模，用刷子在模内涂一层黄油。从冰箱取出面团，擀成面皮，用压花器压出12张与挞模同等尺寸的圆形面皮，放入模内。面皮上铺一层烘焙纸，再放入干蔬菜。放入烤箱烤5分钟。从冰箱取出模具，拿掉烘焙纸和干蔬菜，继续放入烤箱烤5分钟。

3 开始制作焦糖：将2汤匙水和细砂糖倒入平底锅，大火加热至沸腾。一旦焦糖边缘开始变色，手握锅柄轻轻摇晃平底锅，使焦糖受热均匀。与此同时，将全脂淡奶油倒入另一平底锅加热。当焦糖熬至褐色时，缓缓倒入微微沸腾的全脂淡奶油，注意防止飞溅，用打蛋器搅拌均匀。关火，待焦糖冷却至温热时，加入化黄油、盐之花和鸡蛋，快速搅拌均匀。

4 将烤箱温度调至5挡，温度降至150℃。将焦糖酱均匀涂在烤好的挞皮表面，再次放入烤箱烤15～20分钟。从烤箱取出酥挞，冷却至常温后，放入冰箱冷藏2小时，即可享用。

小贴士 注意焦糖熬制时间不可过长，否则可能导致焦糖变苦。

巧克力挞

TARTE AU CHOCOLAT

4~6人份	准备时间：15分钟	醒发时间：30分钟	烘烤时间：20~25分钟

原料表

甜酥面团原料
鸡蛋1个
糖粉40克
杏仁粉2汤匙
盐1小撮
黄油60克
面粉110克

甘纳许原料
黑巧克力250克
全脂淡奶油30毫升
干蔬菜适量

1 首先制作甜酥面团：鸡蛋倒入搅拌碗打散，加入糖粉、杏仁粉和盐。用木质刮刀快速搅拌，搅拌至慕斯状。黄油切成小丁。

2 面粉过筛，一次性倒入蛋液中，用刮刀快速搅拌。用手抓揉面团，将面团捏碎，直到面团分散、呈粗粒状。案板上撒一层面粉，将面团倒在案板上。将黄油丁分散撒在面团上，用手开始揉面，使面团和黄油完全融合在一起，揉至面团质地光滑。最后将面团揉成圆球，裹上保鲜膜，放入冰箱冷藏30分钟以上。

3 烤箱调至5~6挡，预热至170℃。从冰箱取出面团，擀成2毫米厚的面皮。准备一个直径为22厘米的挞盘，用刷子在模内涂一层化黄油，放入面皮。用叉子在面皮表面扎一些孔，铺一层烘焙纸，再放一层干蔬菜。放入烤箱烤20~25分钟，烤至10分钟时，从烤箱取出模具，拿掉烘焙纸和干蔬菜，放入烤箱继续烘烤。从烤箱取出挞皮，常温冷却。

4 开始制作甘纳许：黑巧克力切块，倒入碗中。全脂淡奶油加热至沸腾，倒入巧克力块。用保鲜膜覆盖碗口，放置5分钟，然后用打蛋器搅拌均匀。将甘纳许倒在挞皮表面，置于冰箱冷藏。食用时取出即可。

小贴士 甘纳许也可作为蛋糕的夹心使用。作为夹心时，可将冷藏甘纳许微微打发。还可按自身喜好，在甘纳许中添加少量白酒和1汤匙速溶咖啡粉或2小撮零陵香豆碎，增添风味。

柠檬烤蛋清小酥挞（步骤详解）
TARTELETTES AU CITRON MERINGUÉES (PAS À PAS)

6人份	准备时间：35分钟	醒发时间：30分钟	烘烤时间：35~40分钟

黄油175克

糖粉100克

柠檬3个

蛋清4个

玉米淀粉
1汤匙

鸡蛋5个

香草荚1根

面粉200克

细砂糖270克

原料表

油酥派皮原料

香草荚1根
细砂糖70克
面粉200克
黄油125克
鸡蛋1个

柠檬酱原料

柠檬3个
黄油50克
鸡蛋4个
细砂糖200克
玉米淀粉1汤匙

烤蛋清原料

蛋清4个
糖粉100克

1 首先制作油酥派皮：香草荚剖成两半，取出香草籽，和细砂糖倒入碗中混合。

2 面粉过筛，倒在案板上。黄油切块，倒在面粉上。用手指将面粉和黄油块混合揉搓，至面粉呈粗粒状。

3 用手指在面粉中心挖一个洞，倒入蛋液和香草籽砂糖。用手指朝一个方面搅拌，混合所有原料，但注意不要过度搅拌。

4 用手掌折叠、按压、轻揉面团，使质地变得均匀。最后将面团揉成圆球，裹上保鲜膜，放入冰箱冷藏30分钟以上。

5 准备6个小酥挞模（或1个直径26厘米的活底挞盘），用刷子在模内涂一层化黄油。从冰箱取出面团，擀开，切出6张与模具同等大小的面皮，放入模内。

6 开始制作柠檬酱：用刨丝器将柠檬皮擦成细丝，用压汁器将柠檬压成汁。黄油放入平底锅，小火加热至化开。

7 鸡蛋打散，加入细砂糖一起打发至起泡。将玉米淀粉倒入盛有1汤匙水的碗中，轻轻搅拌。将溶解的玉米淀粉、化黄油、柠檬汁和柠檬皮细丝倒入蛋液，搅拌均匀。

8 烤箱调至6~7挡，预热至200℃。柠檬酱均匀倒入挞模，放入烤箱烤35~40分钟。从烤箱取出模具，冷却后脱模。将小酥挞坯放入烤盘。

9 开始制作烤蛋清：糖粉缓缓倒入蛋清，打发至硬性发泡。

10 预热烤箱。用刮刀将打发蛋清涂在酥皮上，形成山脊状。

11 将酥挞放在烤架上，放入烤箱烤2~3分钟，烤至表面金黄（或者用喷枪将蛋清表面烤至金黄）。待冷却后，即可享用。

白巧克力挞

TARTELETTES AU CHOCOLAT BLANC

10 ~ 12人份	准备时间： 15分钟	醒发时间： 30分钟	烘烤时间： 35分钟	冷藏时间： 3小时

原料表

油酥派皮原料

面粉250克
黄油160克+40克（涂抹模具）
鸡蛋1个
细砂糖70克
干蔬菜适量

夹心原料

烘焙白巧克力225克
淡奶油30毫升
蛋黄3个

1 首先制作油酥派皮：面粉过筛，倒在案板上。黄油切成小丁，倒在面粉上，用手指混合揉搓面粉和黄油，直到无明显黄油块，面粉呈粗粒状。用手指在面粉中心挖一个洞，倒入蛋液和细砂糖。朝一个方面搅拌，混合所有原料，但注意不要过度搅拌。用手掌折叠、按压、轻揉面团，使面团质地均匀。最后将面团揉成圆球状，用手掌轻轻压扁，裹上保鲜膜，放入冰箱冷藏30分钟以上。

2 烤箱调至6挡，预热至180℃。准备10 ~ 12个直径为10厘米的酥挞模，用刷子在模内涂一层化黄油。从冰箱取出面团，擀成多张模具大小的面皮，放入模内。用叉子在面皮表面扎一些孔，铺一层烘焙纸，再铺一层干蔬菜，放入烤箱烤5分钟。从烤箱取出挞模，拿掉烘焙纸和干蔬菜，继续放入烤箱烤5分钟。

3 开始制作夹心：将烘焙白巧克力切块，放入碗中。淡奶油加热至沸腾，倒入巧克力块。用保鲜膜盖住碗口，放置5分钟，用打蛋器搅拌均匀。最后加入蛋黄，搅拌均匀。

4 将烤箱温度调至4挡，温度降至120℃。将白巧克力酱均匀倒在烤好的派皮上，放入烤箱烤25分钟。

5 从烤箱取出酥挞，冷却至常温后，放入冰箱冷藏3小时以上，即可享用。

搭配建议

可在酥挞表面撒适量可可粉。建议
放入冰箱冷藏后食用，可搭配红色
果酱等。

香蕉巧克力挞

TARTE À LA BANANE ET AU CHOCOLAT

4~6人份	准备时间: 10分钟	烘烤时间: 35分钟	冷藏时间: 2小时

原料表

黄油（涂抹模具）25克
纯黄油千层酥皮1张（230克）
干蔬菜适量

夹心原料

烘焙黑巧克力180克
淡奶油30毫升
杏仁片适量
香蕉3根

1 烤箱调至6挡，预热至180℃。准备一个长方形挞模，用刷子在模内涂一层化黄油。将千层酥皮摊开，倒扣放入挞模，撕掉表面油纸，用手指轻轻按压，使其与挞模贴紧，最后卷边。用叉子在酥皮表面扎一些孔，再次盖上油纸，放一层干蔬菜。放入烤箱烤20分钟，烤至酥皮表面金黄。

2 开始制作夹心：巧克力掰成块，放入碗中。淡奶油加热至沸腾，倒入巧克力块。盖住碗口，放置5分钟，用打蛋器搅拌均匀。

3 杏仁片倒入平底锅，小火微微烤干。香蕉切圆片，将2/3香蕉片均匀铺在烤好的挞皮上。倒入步骤2的混合物。

4 将剩余香蕉片和杏仁片均匀撒在酥挞表面。放入冰箱冷藏2小时。食用前取出即可。

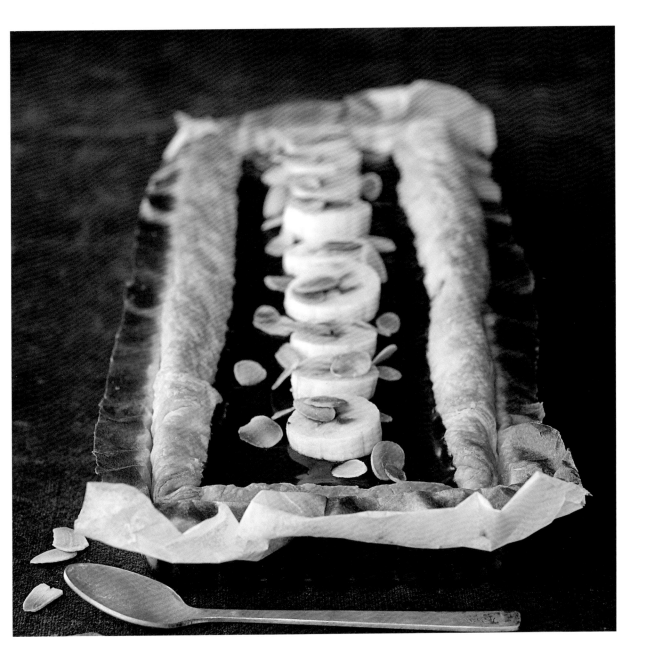

其他配方

可尝试制作其他形状的酥挞，比如使用6个直径为8厘米左右的圆形模具来制作这款香蕉小酥塔。

精致酥挞
LES BELLES TARTES

酥挞制作成功的10个小秘诀
Les 10 secrets d'une tarte réussie

1 将制作面团的原料置于冰箱冷藏，制作前再取出。此外，制作面团时尽量减少揉面次数。

2 面团需放入冰箱冷藏，至少冷藏30分钟，冷藏过夜更好。冷藏后的面团擀开时弹性较小，可避免面皮在烘烤过程中体积回缩。

3 面团从冰箱取出后，常温放置15分钟再擀开，防止在擀开过程中面团开裂。

4 为防止面团擀开时粘在案板上，请在手上、擀面杖和案板上撒一层面粉，而不是将面粉直接撒在面团上。或者还可使用另一个方法：将面团放在两张油纸之间，再用擀面杖擀开。

5 切忌使用明火加热陶瓷模具。

6 酥皮放入模具后，需在冰箱冷藏20分钟（或者冷冻10分钟）后再涂抹夹心。

7 将夹心酱涂在挞皮表面前，需将挞皮放入烤箱单独预烤（详见本书第475页），避免挞皮与夹心酱混合。若夹心为液体，挞皮则需要预烤2次：第一次铺一层烘焙纸和干蔬菜烤10分钟。第二次用刷子在烤好的挞皮表面刷一层蛋液，再烤5分钟。

8 从烤箱取出酥挞后，立即脱模，置于冷却架上冷却，避免酥挞在冷却过程中变软。

9 成功脱模的终极秘诀：使用活底模具。

10 制作表面光泽透亮的水果挞的秘诀是用刷子在挞表面薄薄地刷一层果酱（注意果酱不能有结块，且提前添加少量水稀释、加热）。

酥挞花边
Dessus tressé

"花边"作为酥挞的点缀往往能锦上添花，使人忍不住发出"哇哦"的感叹！制作花边酥挞通常需要边沿偏宽的挞盘，可提前备好所需酥皮或者直接使用多余的酥皮来制作。

编织花边
Dessus tressé

将擀好的面皮放入挞盘，贴紧底部、侧壁和边沿，边沿约为2厘米。倒入夹心。用锯齿滚刀或者比萨刀将预留的花边面皮切成1.5厘米宽的长条。每三股面条放在边沿面皮上，交错编织，编成辫子状。依此完成整个花边的制作，轻轻按压贴紧。

网状花边
Bord torsadé

将擀好的面皮放入挞盘，轻轻按压底部和边缘，用擀面杖压掉多余面皮。倒入夹心。将预留的花边面皮切成1厘米宽的长条，交叉编织叠放，铺满整个酥挞表面，形成网格状。最后将边沿的面皮向内折叠即可。

叠加花边
Bord à motifs

将擀好的面皮放入挞盘，切掉盘外多余面皮。用压花器将预留的花边面皮压成喜欢的形状。用刷子蘸取蛋清，边刷蛋清边将花边面皮叠放在挞盘边沿的面皮上。

锯齿花边
Bord crénelé

将擀好的面皮放入挞盘，切掉盘外多余面皮。用剪刀将挞盘边沿的面皮每隔1厘米轻轻剪一刀，剪的深度也为1厘米。最后将剪开的面皮每隔一个锯齿边便向内折叠，交错形成锯齿花边。

香料面团

制作酥挞面团时，添加部分香料可增添特殊的香味。常用的香料有以下几种：

- 桂皮、生姜、四香料（尤其适用于水果挞）
- 柑橘皮（黄柠檬、青柠檬、橙子、葡萄柚等）
- 可可粉（适用于巧克力挞或者咖啡挞）
- 杏仁粉、榛子粉或者椰丝（适用于各类酥挞）
- 1～2滴香精，比如柠檬香精、香橙精、薰衣草香精等

马斯卡彭奶酪挞

TARTE AU MASCARPONE

6人份	准备时间：20分钟	醒发时间：30分钟	烘烤时间：40分钟

原料表

水油酥皮原料

黄油100克+25克（涂抹模具）

面粉200克

盐1小撮

细砂糖（自选）2汤匙

奶酪酱原料

新鲜柠檬1/2个

鸡蛋4个

细砂糖100克

马斯卡彭奶酪250克

杏仁粉50克

1 首先制作水油酥皮：黄油切成小丁。面粉倒入搅拌碗，用手指在面粉中心挖个洞，先倒入盐和细砂糖，再倒入黄油丁。用手指朝一个方向快速搅拌，混合所有原料。倒入5汤匙冷水，开始揉面，揉至面团柔软光滑。最后将面团揉成圆球状，裹上保鲜膜，放入冰箱冷藏30分钟以上。

2 烤箱调至6挡，预热至180℃。准备一个直径为28厘米的挞模，用刷子在模内涂一层黄油。从冰箱取出面团，擀开，放入模具。

3 开始制作奶酪酱：柠檬去皮，将柠檬皮切碎。鸡蛋和细砂糖倒入搅拌碗，打发至慕斯状。再依次加入马斯卡彭奶酪、柠檬皮碎和杏仁粉，搅拌均匀。

4 将奶酪酱倒入模具，放入烤箱烤40分钟。从烤箱取出奶酪挞，微微冷却或完全冷却均可食用。

其他配方

可用等量的其他涂抹奶酪代替马斯卡彭奶酪。

圣特罗佩挞

TARTE TROPÉZIENNE

| 6人份 | 准备时间：45分钟 | 醒发时间：3小时 | 烘烤时间：40分钟 |

原料表

布里欧修面团原料

面包专用酵母10克
牛奶2汤匙
面粉200克
鸡蛋3个
细砂糖25克
橙花水2汤匙
黄油70克+25克（化开后涂抹模具）
盐1小撮
白砂糖30克

卡仕达酱原料

牛奶50毫升
香草荚1根
蛋黄3个
细砂糖75克
面粉60克

黄油酱原料

蛋黄1个
细砂糖25克
黄油125克

1 首先制作布里欧修面团：面包专用酵母倒入加热至温热的牛奶中，溶解后加入50克面粉，搅拌均匀，置于温暖处发酵1小时。2个鸡蛋打散。黄油切成小丁。剩余面粉过筛后倒入搅拌碗，用手指在面粉中心挖个洞，依次倒入蛋液、细砂糖、橙花水、黄油丁和盐。用手指朝一个方向快速搅拌，混合所有原料。加入发酵好的酵母，开始揉面，揉10～15分钟。最后将面团揉成圆球状，置于温暖处醒发2小时以上。

2 烤箱调至6挡，预热至180℃。准备一个直径28厘米的挞模，用刷子在模内涂一层化黄油。醒发好的面团擀开，放入模具。将剩余的1个鸡蛋打散，用刷子将蛋液均匀涂在面皮表面。表面撒白砂糖，放入烤箱烤30分钟。

3 开始制作卡仕达酱：香草荚剖开、去籽。将牛奶和香草荚倒入平底锅加热至沸腾。关火，冷却至温热。牛奶冷却期间，将蛋黄和细砂糖倒入碗中，用打蛋器搅打2分钟。倒入面粉，再次搅拌至均匀。

4 将香草荚从牛奶中捞出后，将牛奶缓缓倒入面糊，并不断搅拌。搅拌均匀后，将蛋奶糊倒入平底锅，中火加热5分钟，其间不断搅拌。关火，卡仕达酱冷却。

5 开始制作黄油酱：蛋黄打散备用。细砂糖和1咖啡匙水倒入小平底锅，加热至沸腾，熬成糖浆。趁热将糖浆倒入蛋黄，不断搅拌。加入切成小丁的黄油，继续搅拌几分钟。将微微冷却的卡仕达酱缓缓倒入黄油酱中，轻轻搅拌均匀。

6 从烤箱取出挞坯，横向切成两半。将卡仕达黄油酱均匀涂在下方一半挞坯表面，再盖上另一半挞坯。完全冷却后，即可享用。

其他配方

可将15毫升全脂淡奶油与1小袋香草精打发，代替黄油酱。

巴黎布丁挞
FLAN PARISIEN

6～8人份	准备时间: 30分钟	醒发时间: 30分钟	烘烤时间: 1小时30分钟	冷藏时间: 3小时

原料表

水油酥皮原料

黄油100克
面粉200克
盐1小撮
细砂糖（自选）2汤匙
冷水5汤匙

蛋奶酱原料

牛奶40毫升
鸡蛋4个
细砂糖210克
布丁粉60克

1 首先制作水油酥皮：黄油切成小丁。面粉倒入搅拌碗，用手指在面粉中心挖个洞，依次倒入盐、细砂糖和黄油丁。用手指朝一个方向快速搅拌，混合所有原料。倒入冷水，开始揉面，揉至面团柔软光滑。最后将面团揉成圆球状，裹上保鲜膜，放入冰箱冷藏30分钟以上。

2 烤箱调至6～7挡，预热至190℃。准备一个直径为22厘米的挞模，用刷子在模内涂一层化黄油。从冰箱取出面团，擀成2毫米厚的面皮，放入模具，再次放入冰箱冷藏。

3 开始制作蛋奶酱：将牛奶和37毫升水倒入平底锅加热。鸡蛋、细砂糖和布丁粉倒入另一口平底锅，用打蛋器搅拌均匀，缓缓倒入煮沸的牛奶中，持续用打蛋器搅拌。待蛋奶酱再次沸腾时，关火，移开平底锅。从冰箱取出模具，倒入蛋奶酱，放入烤箱烤1小时。

4 从烤箱取出酥挞，完全冷却后，放入冰箱冷藏3小时。食用时取出即可。

香橙芝士蛋糕（步骤详解）
CHEESECAKE À L'ORANGE (PAS À PAS)

6人份	准备时间：30分钟	烘烤时间：5分钟	冷藏时间：4小时

全脂鲜奶油20毫升

涂抹奶酪450克

新鲜橙子1个

黄油70克

布列塔尼小饼干1盒
（130克）

鸡蛋2个

吉利丁3片

细砂糖75克

原料表

蛋糕坯原料

黄油70克

布列塔尼小饼干130克（1盒）

夹心原料

吉利丁3片

新鲜橙子1个

鸡蛋2个

细砂糖75克

涂抹奶酪450克

全脂鲜奶油20毫升

1 首先制作蛋糕坯：黄油倒入小平底锅，小火加热至化开。

2 将布列塔尼小饼干碾碎，倒入黄油中，搅拌均匀。

3 准备1个直径20厘米、高3~4厘米的慕斯圈放入圆形餐盘。将黄油饼干碎倒入慕斯圈，用刮刀按压，压平、压实。放入冰箱，冷藏备用。

4 开始制作夹心：吉利丁片放入温水软化。

5 橙子洗净，用刨丝器将橙皮刨成细丝。

6 用压汁器将橙子压成汁，橙汁倒入小平底锅加热。

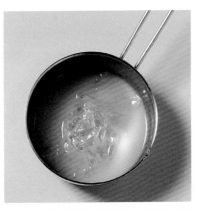

7 将吉利丁片从温水中捞出，轻轻挤干多余水分，放入加热的橙汁中，慢慢溶解。

8 蛋黄和蛋清分离，分别倒入碗中。将蛋黄、细砂糖和橙皮丝混合搅拌。

9 继续在蛋黄中加入涂抹奶酪、全脂鲜奶油和橙汁，充分搅拌至混合均匀。

10 蛋清打发至慕斯状，用刮刀将打发蛋清缓缓倒入蛋黄奶酱中，轻轻上下搅拌均匀。

11 从冰箱取出慕斯圈。将蛋奶酱倒入慕斯圈。再次放入冰箱冷藏4小时以上，即可享用。

香草芝士蛋糕
CHEESECAKE À LA VANILLE

6人份	准备时间：20分钟	烘烤时间：1小时15分钟	冷藏时间：12小时

原料表

蛋糕坯原料

布列塔尼小饼干（或焦糖肉桂小
饼干）150克
化黄油60克

夹心原料

鸡蛋3个
细砂糖80克
香草砂糖1小袋
涂抹奶酪450克
全脂鲜奶油10毫升
香草荚1根

1 前一晚开始准备。烤箱调至4挡，预热至120℃。开始制作蛋糕坯：饼干碾成小块，和化黄油混合搅拌。准备一个直径18～22厘米的锁扣式蛋糕模，将黄油饼干碎倒入模具，用手指按压，底部、侧壁都贴紧模具，压平压实。放入冰箱，冷藏备用。

2 开始制作夹心：将鸡蛋、细砂糖和香草砂糖倒入搅拌碗，打发至慕斯状。加入涂抹奶酪和全脂鲜奶油。香草荚剖成两半，取出香草籽，倒入蛋奶酱，充分搅拌至质地黏稠。

3 从冰箱取出模具，倒入蛋奶酱。放入烤箱烤1小时15分钟，注意不要烤至蛋糕表面上色。

4 从烤箱中取出蛋糕，完全冷却后，放入冰箱冷藏过夜。第二天食用前，从冰箱取出蛋糕，脱模，搭配新鲜水果或果酱食用。

小贴士 不要使用慕斯圈或传统活底蛋糕模，只有锁扣式蛋糕模才能防止蛋糕糊从底部流出。此外，将蛋糕放入冰箱冷藏过夜也是必不可少的步骤，这样芝士蛋糕的口感才会更加醇厚。

苹果酥脆

CRUMBLE AUX POMMES

6人份 | 准备时间：20分钟 | 烘烤时间：45分钟

原料表

苹果1.5千克
葡萄干（品种自选）2汤匙
肉桂粉1/2咖啡匙

酥挞原料

黄油90克+25克（化开后涂抹模具）
面粉125克
细砂糖80克
盐1小撮

1 首先制作酥挞面团：黄油切块，倒入碗中，常温软化。软化后，加入面粉、细砂糖和盐，用手指开始搅拌、揉搓，至面团呈粗粒状。

2 烤箱调至5挡，预热至150℃。准备一个深口烤盘，用刷子刷一层化黄油。苹果洗净、削皮，先切成四瓣，去核、去子，再切成小块。将苹果块均匀铺入烤盘，依次撒入葡萄干和肉桂粉，最后倒入酥挞面团，铺满烤盘。

3 放入烤箱烤45分钟，烘烤过程中注意观察酥挞上色程度，防止烤焦。从烤箱取出酥挞，趁热搭配鲜奶油食用。

覆盆子苹果酥脆

CRUMBLE AUX POMMES ET AUX FRAMBOISES

6人份

准备时间：15分钟

烘烤时间：30~40分钟

原料表

苹果5~6个
覆盆子500克
红糖100克
面粉100克
黄油80克

1 烤箱调至6挡，预热至180℃。苹果洗净、削皮，去核、去子，切成大块。准备一个深口烤盘，用刷子涂一层化黄油。将苹果块均匀铺入烤盘，再将覆盆子铺在苹果块上。

2 黄油切块。面粉和红糖倒入搅拌碗，加入黄油块，用手指开始搅拌、揉搓，至面团呈粗粒状。将面团倒入烤盘，铺在苹果块和覆盆子表面。放入烤箱烤30~40分钟。从烤箱取出酥挞，微微冷却或完全冷却后，搭配鲜奶油食用，口感更佳。

奶冻、慕斯
CRÈMES & MOUSSES

香草奶冻杯

PETITS POTS DE CRÈME

6人份 | 准备时间: 10分钟 | 烘烤时间: 25分钟 | 冷藏时间: 3小时

原料表

牛奶50毫升
香草荚1根
鸡蛋2个+蛋黄6个
细砂糖200克
全脂淡奶油50毫升

1 牛奶倒入平底锅加热。香草荚剖成两半，放入牛奶中。牛奶煮至沸腾后关火，香草荚继续在牛奶中浸泡几分钟。

2 煮牛奶期间，将鸡蛋、蛋黄和细砂糖倒入搅拌碗，搅拌至细砂糖完全溶解。加入全脂淡奶油，轻轻搅拌。将香草荚从牛奶中捞出，然后将蛋奶糊缓缓倒入牛奶中。

3 再次开小火加热，并不断用勺子搅拌，使蛋奶酱变得均匀黏稠。煮至蛋奶酱开始黏附在勺子上时，关火。准备几个小玻璃杯，倒入蛋奶酱，放入冰箱冷藏3小时以上。食用时取出即可。

其他配方

可根据个人口味，制作咖啡或巧克力风味的奶冻。将可可粉倒入牛奶中溶解（每瓶1汤匙）或者用少量水溶解速溶咖啡粉（每瓶1咖啡匙）。将溶解的可可粉或咖啡倒入淡奶油中混合均匀，然后倒入玻璃瓶。

牛奶布丁

ŒUFS AU LAIT

4～6人份　|　准备时间：20分钟　|　烘烤时间：40分钟

原料表

全脂牛奶1升
细砂糖125克
香草荚1根
鸡蛋4个

1 香草荚剖成两半、去籽。将全脂牛奶、细砂糖和香草荚倒入平底锅，加热至沸腾。

2 烤箱调至6～7挡，预热至200℃。鸡蛋倒入碗中，打散备用。

3 香草荚从牛奶中捞出。将煮沸的牛奶缓缓倒入蛋液中，不断搅拌。

4 搅拌均匀的蛋奶酱倒入烤盘或几个小号玻璃碗，放入烤箱浴水烤40分钟。用餐刀检查烘烤程度：将刀尖插入布丁再拔出，刀尖应为干燥状。从烤箱取出布丁，冷却后放入冰箱冷藏。食用时取出即可。

焦糖蛋奶冻

CRÈME CARAMEL

4～6人份	准备时间： 25分钟（2天）	烘烤时间： 45分钟	浸渍时间： 12小时	冷藏时间： 12小时

原料表

全脂牛奶1升
香草荚1根
鸡蛋4个+蛋黄3个
细砂糖200克

焦糖原料

细砂糖100克
柠檬汁几滴

1 香草荚剖成两半、去子。全脂牛奶和香草荚倒入小锅，加热至沸腾，关火。冷却后，放入冰箱冷藏12小时。之后，将香草荚从牛奶中捞出，重新将牛奶煮沸。

2 鸡蛋、蛋黄和细砂糖倒入搅拌碗，用打蛋器搅拌30秒。缓缓加入煮沸的牛奶，不停搅拌。将搅拌均匀的蛋奶液过滤备用。

3 烤箱调至4～5挡，预热至130℃。开始制作焦糖：60毫升水和细砂糖倒入深口平底锅，加入柠檬汁，大火煮至沸腾。当锅壁边缘的糖浆颜色开始变深时，用勺子开始轻轻画圈搅拌。待焦糖完全上色后，关火，快速倒入备好的几个玻璃碗中，碗底部均匀铺一层焦糖。微微冷却后，将蛋奶液倒入碗中。将玻璃碗放入盛水的烤盘，放入烤箱，浴水烤45分钟。

4 从烤箱取出玻璃碗。冷却后，盖一层保鲜膜，放入冰箱冷藏12小时。

5 从冰箱取出蛋糕碗，用刀轻轻沿碗壁划一圈，脱模。将蛋奶冻倒扣入餐盘，焦糖朝上，即可享用。

其他配方

也可使用舒芙蕾烤碗来制作这款焦糖蛋奶冻，在烤箱烘烤1小时10分钟即可。

焦糖布丁
CRÈME BRÛLÉE

| 4人份 | 准备时间：20分钟 | 烘烤时间：1小时 | 冷藏时间：4小时 |

原料表

香草荚1根
牛奶20毫升
全脂淡奶油30毫升
蛋黄4个
细砂糖80克
焦糖原料
红糖40克

1 香草荚剖成两半、去籽。牛奶、全脂淡奶油和香草荚倒入深口平底锅，加热至沸腾后关火，香草荚继续在牛奶中浸泡。

2 烤箱调至3～4挡，预热至100℃。蛋黄和细砂糖倒入碗中，用打蛋器搅拌顺滑。将香草荚从牛奶中捞出，将香草牛奶倒入蛋黄中，再次搅拌均匀。最后将蛋奶液倒入几个陶瓷烤碗中，放入烤箱隔水烤1小时。

3 从烤箱取出布丁，完全冷却后，放入冰箱冷藏4小时以上（以上步骤可提前一晚进行）。

4 预热烤箱。从冰箱取出布丁，表面均匀撒一层红糖，置于烤架，放入烤箱烤几分钟。其间注意观察烘烤程度，烤至焦糖上色即可。从烤箱取出焦糖布丁，微微冷却或完全冷却均可享用。

<u>小贴士</u> 可购买专业烘焙枪或小型家用烘焙枪，将表面红糖烤至呈焦糖状。

其他配方

若喜欢更加浓郁的口味，可用奶油代替全部或部分牛奶来制作。

焦糖巧克力布丁

CRÈME BRÛLÉE AU CHOCOLAT NOIR

| 8人份 | 准备时间: 15分钟 | 烘烤时间: 1小时 | 冷藏时间: 12小时 |

原料表

布丁原料

可可含量为70%的黑巧克力200克
蛋黄8个
细砂糖180克
全脂牛奶50毫升
全脂淡奶油50毫升

焦糖原料

红糖40克

1 前一晚开始制作布丁: 巧克力掰成块。将蛋黄和细砂糖倒入搅拌碗, 搅拌顺滑。将全脂牛奶和全脂淡奶油混合, 加热至沸腾。加入巧克力块, 轻轻搅拌。巧克力完全融化后, 倒入蛋黄中, 搅拌均匀。

2 烤箱调至3~4挡, 预热至100℃。将巧克力蛋奶糊均匀倒入几个陶瓷烤碗中。放入烤箱隔水烤1小时。从烤箱取出布丁, 完全冷却后, 放入冰箱冷藏过夜。

3 第二天, 从冰箱取出巧克力布丁。预热烤箱。将红糖均匀撒在巧克力布丁表面, 放入烤箱烤几分钟, 注意观察表面烘烤程度, 烤至表面焦糖上色。从烤箱取出焦糖布丁, 微微冷却或完全冷却均可享用。

<u>小贴士</u>　可购买专业烘焙枪或小型家用烘焙枪, 将表面红糖烤至呈焦糖状。

浮岛（步骤详解）

ÎLE FLOTTANTE (PAS À PAS)

| 4人份 | 准备时间：20分钟 | 烘烤时间：30分钟 | 冷藏时间：40分钟 |

香草荚1根

鸡蛋8个

牛奶800毫升

盐1小撮

细砂糖340克

柠檬汁或白醋适量

原料表

鸡蛋8个
盐1小撮
细砂糖340克
牛奶800毫升
香草荚1根

焦糖原料

方糖或细砂糖100克
柠檬汁或白醋适量

1 烤箱调至6挡，预热至180℃。蛋黄、蛋清分离，分别倒入碗中。

2 蛋清和盐一起打发至硬性发泡。其间缓缓加入40克细砂糖。

3 准备一个直径为22厘米的中空蛋糕模（若没有，也可使用圆形蛋糕模），倒入打发蛋清。将蛋糕模放入盛有温水的烤盘。

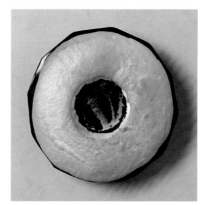

4 将烤盘放入烤箱烤30分钟，烤至表面微微上色。从烤箱取出烤蛋清，放至完全冷却。

5 蛋清烘烤期间，开始制作英式蛋奶酱：将蛋黄和剩余200克细砂糖倒入搅拌碗，打发至发白起泡。

6 香草荚剖成两半、去籽。牛奶和香草荚倒入平底锅加热至煮沸。关火，将沸牛奶缓缓倒入打发蛋黄中，不断搅拌。

7 将蛋奶酱倒入平底锅，小火加热，其间用木勺不断搅拌，搅拌至质地变黏稠。

8 将蛋奶酱均匀倒入几个小玻璃碗或玻璃杯中，放入冰箱至完全冷却。

9 烤蛋清脱模，切块。从冰箱取出英式蛋奶酱，放入烤蛋清块。

10 开始制作焦糖：将细砂糖、2汤匙水和柠檬汁倒入平底锅，小火加热，待细砂糖溶化后，将火微微调大。

11 煮至糖浆开始冒泡时，时不时地轻轻晃动平底锅，使糖浆受热均匀，避免粘锅。将熬好的糖浆浇在烤蛋清上。放入冰箱冷藏，食用前取出即可。

萨巴翁
SABAYON

4人份　　｜　　准备时间：15分钟　　｜　　烘烤时间：2～3分钟

原料表

蛋黄4个
细砂糖75克
干白葡萄酒（或香槟）250毫升
柠檬（取皮）1个

1 蛋黄、细砂糖、干白葡萄酒和柠檬皮倒入耐高温的碗中。平底锅内倒适量水，加热至水微微沸腾时，关小火。将碗置于平底锅上方，用手动或电动打蛋器快速搅拌，搅拌至质地细腻、呈慕斯状，体积增大一倍。注意碗底不要与平底锅内热水接触，以免温度过高使蛋黄凝固。

2 将碗移开，继续搅拌30秒。过滤掉蛋糊中的柠檬皮碎，将蛋糊均匀倒入玻璃杯，搭配蛋糕或新鲜水果即可享用。

搭配建议

这款源自意大利的甜品可浇在
布丁、甜品、水果或冰激凌上，
搭配享用。

其他配方

制作这款甜品时，也可选择其他类型的酒，比如甜酒（索泰尔纳酒或马沙拉葡萄酒）、波尔多甜葡萄酒，还可以将白葡萄酒和白酒（阿马尼亚克烧酒、白兰地、朗姆酒）混合使用。

法式杏仁奶冻
BLANC-MANGER

4～6人份 | 准备时间：20分钟（2天） | 静置时间：12小时 | 烘烤时间：4～5小时

原料表

吉利丁6片
细砂糖100克
冷藏淡奶油40毫升

杏仁糊原料

杏仁粉140克
苦杏仁香精1滴

装饰配料

红色水果（自选）200克

1 前一晚开始制作杏仁糊：杏仁粉倒入平底锅，加入250毫升水，煮至沸腾。趁热搅拌均匀，倒入细漏勺过滤，过滤时可用刮刀轻轻按压。将滤好的杏仁糊倒入密封容器，放入冰箱冷藏过夜。

2 第二天，将吉利丁片放入冷水软化，软化后捞出，沥干备用。

3 从冰箱取出杏仁糊，将四分之一倒入小平底锅加热。加入苦杏仁香精和吉利丁片，边加热边搅拌，搅拌至吉利丁片完全融化。全部倒入未加热的杏仁糊中，搅拌均匀。加入细砂糖，再次搅拌至完全融化。

4 冷藏淡奶油打发至呈慕斯状，体积增大。用橡皮刮刀将打发奶油分批倒入杏仁糊，轻轻上下搅拌。最后将杏仁奶糊倒入直径为18厘米的夏洛特蛋糕模内，放入冰箱冷藏4～5小时。

5 从冰箱取出蛋糕模，迅速放入热水中浸泡片刻，脱模。将杏仁奶冻倒扣，放入餐盘，即可搭配水果享用。

<u>小贴士</u> 苦杏仁香精添加1滴即可，添加过多会影响杏仁奶冻的味道。

搭配建议

这款杏仁奶冻还可搭配红色果酱
（详见本书第488页）或蜜桃果酱。

意式水果椰奶冻

PANNA COTTA AU LAIT DE COCO ET AUX FRUITS ROUGES

4人份	准备时间：30分钟	烘烤时间：5分钟	冷藏时间：4小时

原料表

吉利丁3片
椰奶200毫升
淡奶油250毫升
细砂糖50克
香草荚1根

果酱原料

红色水果400克
（可选择单一水果或混合水果
草莓、红醋栗、覆盆子、野生浆
果等）
糖粉50克

1 吉利丁片放入冷水中，浸泡10分钟软化。

2 椰奶、淡奶油和细砂糖倒入平底锅。香草荚剖成两半，用刀将香草籽刮入平底锅。轻轻搅拌，开火加热至沸腾。关火，盖上锅盖，继续浸泡几分钟。

3 取出软化的吉利丁片，沥干，放入平底锅，充分搅拌至化开。将香草椰奶均匀倒入4个小杯中，放入冰箱冷藏4小时。

4 开始制作果酱：水果分类洗净。红醋栗从枝上摘下，草莓去梗。留部分水果装饰，其余水果和糖粉倒入搅拌机，搅拌均匀后倒入细漏勺过滤。如有需要，可在果酱内加入少量冷水（是否加水取决于使用水果的水分多少）。从冰箱取出奶冻杯，将果酱均匀倒入杯中。放入适量红色水果装饰，即可享用。

其他配方

可用芒果代替红色水果来制作这款奶冻。

焦糖米糕

GÂTEAU DE RIZ AU CARAMEL

4～6人份	准备时间：30分钟	烘烤时间：1小时20分钟

原料表

米浆原料

全脂鲜牛奶90毫升

香草荚1根

细砂糖70克

大米100克

黄油50克

鸡蛋3个

盐1小撮

焦糖原料

细砂糖125克

柠檬汁几滴

1 首先制作米浆：香草荚剖成两半。全脂鲜牛奶、香草荚、细砂糖和大米倒入深口平底锅，加热至沸腾。调至小火，加盖继续煮30～40分钟。待大米煮熟后，加入黄油，搅拌均匀。关火，冷却至温热。

2 蛋清和蛋黄分离，分别倒入碗中。将香草荚从米浆中捞出。温热的米浆倒入蛋黄中，充分搅拌均匀。蛋清加盐，打发至硬性发泡。用刮刀将打发蛋清分批缓缓倒入米浆中，轻轻上下搅拌至米糊均匀。

3 烤箱调至6～7挡，预热至200℃。开始制作焦糖：将4汤匙水倒入深口平底锅，加入细砂糖和柠檬汁，大火加热至沸腾。当锅壁边缘的糖浆开始冒泡上色时，轻轻画圈晃动平底锅，使糖浆受热均匀，避免粘锅。熬至焦糖呈金黄色，关火。将一半焦糖倒入直径为20厘米的夏洛特蛋糕模，边缓缓倒入边转动蛋糕模，使模内均匀铺一层焦糖。

4 剩余焦糖加50毫升热水，再次加热，保持煮沸状态2分钟左右，使焦糖质地变稀，呈液体状。

5 蛋糕模内焦糖冷却定型后，倒入米糊，轻轻按压紧实。蛋糕模放入盛有热水的烤盘，放入烤箱烤45分钟。

6 从烤箱取出蛋糕模，冷却后脱模。将焦糖米糕倒扣放入餐盘。表面浇一层液体焦糖，即可享用。

柑橘米布丁

RIZ AU LAIT AUX ÉCORCES D'AGRUMES

| 4人份 | 准备时间：30分钟 | 烘烤时间：40分钟 |

原料表

柑橘皮原料

橙子2个

柚子1个

红糖100克

米布丁原料

全脂鲜牛奶

香草荚1根

细砂糖90克

大米100克

蛋黄2个

香缇奶油原料

冷藏全脂淡奶油150毫升

1 首先准备柑橘皮：用削皮器将橙子和柚子的果皮削掉，注意不要削到果皮上的果络。将果皮切成细条后，倒入盛有沸水的平底锅，煮2分钟，捞出、沥干。平底锅换水，倒入果皮，再次加热至沸腾。重复一次上述动作。最后沥干果皮。

2 红糖和200毫升水倒入平底锅，小火加热至沸腾，其间不断搅拌使红糖完全溶化。将果皮条倒入糖浆中，微微沸腾的状态下，继续加热10分钟。用漏勺捞出果皮，冷却后切成小丁。

3 开始制作米布丁：香草荚剖成两半，和全脂鲜牛奶、细砂糖、大米一起倒入深口平底锅，加热至沸腾。调至小火，加盖继续煮30～40分钟。待大米煮熟后，关火。冷却至温热时，加入蛋黄，搅拌均匀。放至完全冷却。

4 制作香缇奶油：淡奶油打发至硬性发泡。将香缇奶油和糖渍柑橘丁缓缓倒入米布丁，轻轻搅拌均匀，倒入餐碗。放入冰箱冷藏，食用时取出即可。

覆盆子西米露

PERLES DU JAPON AUX FRAMBOISES

| 4人份 | 准备时间：20分钟 | 烘烤时间：20分钟 | 冷藏时间：3小时 |

原料表

杏仁奶55毫升
龙舌兰糖浆2汤匙
西米40克
杏仁片75克
覆盆子200克

1 杏仁奶和龙舌兰糖浆倒入小平底锅加热。煮至温热时，加入西米，继续小火煮20分钟左右。煮至西米呈半透明状，西米露质地变得黏稠即可。

2 杏仁片倒入另一口平底锅，微微烤干，烤至表面上色。将覆盆子洗净备用。

3 关火，将部分杏仁片和覆盆子缓缓倒入西米露。最后均匀倒入几个玻璃杯，放入冰箱冷藏3小时以上。食用时取出，撒上剩余杏仁片装饰即可。

8款优选快手甜品
LE TOP 8 DES RECETTES EXPRESS

磅蛋糕
QUATRE-QUARTS
P18

P68

熔岩巧克力蛋糕
GÂTEAU ULTRAFONDANT
AU CHOCOLAT   P88

菠萝翻转蛋糕
GÂTEAU RENVERSÉ À L'ANANAS

4

5

6

8

7

香橙葡萄干小麦蛋糕

GÂTEAU DE SEMOULE AUX RAISINS ET À LA FLEUR D'ORANGER

4人份　　准备时间：25分钟　　烘烤时间：25分钟

原料表

葡萄干70克
橙花水适量
全脂牛奶1升
细砂糖190克
细小麦粉135克
鸡蛋3个

1 葡萄干倒入橙花水浸泡，橙花水没过葡萄干即可。全脂牛奶和100克细砂糖倒入平底锅加热，一次性倒入细小麦粉，边加热边搅拌，直到质地变得黏稠。鸡蛋打散，倒入平底锅。再将葡萄干和橙花水一起倒入平底锅，轻轻搅拌。

2 烤箱调至6挡，预热至180℃。将剩余细砂糖倒入另一平底锅，倒入少量水加热，熬成焦糖。趁热将焦糖倒入直径为22厘米的深口蛋糕模或夏洛特蛋糕模，边倒入边轻轻转动蛋糕模，使模壁均匀铺一层焦糖。

3 待焦糖定型后，将蛋糕糊倒入模具，放入烤箱烤20分钟。从烤箱取出蛋糕，冷却后脱模。

米布丁
PUDDING AU RIZ

6～8人份

准备时间：30分钟

烘烤时间：55～65分钟

原料表

牛奶1升
细砂糖100克
香草荚1/2根
盐1小撮
大米150克
黄油50克+适量（涂抹模具）
鸡蛋6个
细面包屑30克

1 烤箱调至6～7挡，预热至220℃。香草荚剖成两半。准备一个可放入烤箱的带柄平底锅，倒入牛奶、细砂糖、香草荚和盐，置于火上加热。加入大米和黄油，边加热边搅拌，煮至沸腾。关火，加盖，放入烤箱烤25～30分钟。

2 蛋清和蛋黄分离，分别倒入碗中。蛋清打发至硬性发泡。

3 从烤箱取出平底锅，逐个加入蛋黄，并不断轻轻搅拌。缓缓倒入打发蛋清，轻轻上下搅拌均匀。

4 烤箱调至6挡，温度降至180℃。准备一个直径为22厘米的蛋糕模，用刷子在模内涂一层化黄油，再撒一层细面包屑。将米糊倒入模具，放入烤箱，浴水烘烤30～35分钟。

搭配建议

这款米布丁可搭配果酱
（详见本书第488页）。

其他配方

也可制作巧克力米布丁。从烤箱取出平底锅后，将100克黑巧克力碎倒入米糊，充分搅拌至巧克力化开。

覆盆子慕斯

MOUSSE AUX FRAMBOISES

4人份

准备时间：15分钟

冷藏时间：2小时

原料表

吉利丁2片
冷藏全脂淡奶油150毫升
覆盆子200克+适量（装饰用）
糖粉80克

1 吉利丁片浸入冷水，软化5~10分钟。其间，用电动打蛋器打发冷藏全脂淡奶油，注意淡奶油需直接从冰箱取出，并在未回温前打发。将覆盆子和糖粉混合均匀。

2 将吉利丁片从冷水中捞出、沥干，放入微波炉加热20秒，使其化开。将融化后的吉利丁倒入覆盆子糖粉中，充分搅拌均匀。

3 将步骤2的混合物缓缓倒入覆盆子酱中，轻轻上下搅拌均匀。将覆盆子慕斯均匀倒入备好的几个杯子或小碗中，放入冰箱冷藏2小时以上。食用前取出，放入适量新鲜覆盆子装饰即可。

189

青柠慕斯

MOUSSE AU CITRON VERT

6人份 | 准备时间：30分钟 | 烘烤时间：10分钟 | 冷藏时间：4小时

原料表

青柠檬4个
鸡蛋6个
细砂糖100克
冷藏淡奶油50毫升
糖粉100克
盐1小撮

1 青柠檬用冷水洗净、擦干。用细孔刨丝器将柠檬皮刨成细丝。再将柠檬切成两半，挤汁，倒入平底锅。

2 蛋清和蛋黄分离，分别倒入碗中。

3 将细砂糖和青柠皮倒入盛有青柠汁的平底锅，小火加热。煮沸后，关火，将青柠糖浆倒入盛有蛋黄的碗中，快速搅拌。重新将混合物倒回平底锅，再次小火加热并不断搅拌，直到青柠蛋黄液质地变黏稠。关火，冷却。

4 将冷藏淡奶油从冰箱取出，未回温前，迅速打发至硬性发泡。加入糖粉，搅拌均匀。缓缓倒入青柠蛋黄液，轻轻上下搅拌。

5 蛋清和盐一起打发至硬性发泡。将打发蛋清缓缓倒入蛋黄混合物，用刮刀上下轻轻搅拌，防止回落。

6 将混合均匀的青柠慕斯倒入大碗或多个玻璃杯，放入冰箱冷藏4小时。食用时取出即可。

肉桂香蕉慕斯

MOUSSE À LA BANANE ET À LA CANNELLE

4人份	准备时间: 10分钟	冷藏时间: 1小时

原料表

青柠檬1个
熟香蕉（大）4根
马斯卡彭奶酪60克
肉桂粉1/3咖啡匙
蛋清3个
盐1小撮
细砂糖50克

1 青柠檬挤汁备用。香蕉剥皮，切成圆片，倒入搅拌碗。再加入青柠汁。

2 马斯卡彭奶酪和肉桂粉倒入搅拌碗，充分搅拌至呈质地细腻的果泥。蛋清和盐一起打发，打发过程中加入细砂糖，打发至硬性发泡。用刮刀将打发蛋清缓缓倒入香蕉果泥，轻轻翻拌，防止回落。

3 将搅拌均匀的香蕉慕斯均匀倒入备好的容器中，放入冰箱冷藏1小时。食用时取出即可。

搭配建议

这款香蕉慕斯可单独享用，也可根据不同季节，搭配各类水果沙拉或混合红色水果。

其他配方

也可制作同样美味的生姜香蕉慕斯：用3~4汤匙椰奶代替马斯卡彭奶酪，用等量的生姜粉代替肉桂粉。

双拼巧克力慕斯

MOUSSE AUX DEUX CHOCOLATS

4～6人份 | 准备时间：15分钟 | 加热时间：5分钟 | 冷藏时间：4小时

原料表

黑巧克力（可可含量为60%以上）
50克
牛奶巧克力100克
黄油80克
鸡蛋4个
细砂糖30克

1 两种巧克力和黄油均切成小块，倒入小平底锅，隔水小火加热。边加热边搅拌，直到巧克力和黄油都化开、质地变得顺滑。关火，取出平底锅，冷却。注意巧克力酱的质地不能过于厚重。

2 将蛋清和蛋黄分离，分别倒入碗中。蛋清打发至呈慕斯状，打发过程中缓缓加入细砂糖。

3 将巧克力酱倒入盛有蛋黄的碗中，搅拌均匀。

4 先将2汤匙打发蛋清倒入巧克力酱中，快速搅拌。再用橡皮刮刀将剩余打发蛋清缓缓倒入巧克力酱中，上下轻轻搅拌，防止回落。

5 将搅拌均匀的巧克力慕斯倒入备好的容器，密封后放入冰箱冷藏4小时以上。

搭配建议
食用前从冰箱取出，
搭配水果沙拉享用。

烘焙小窍门
TRUCS ET ASTUCES DES PÂTISSIERS

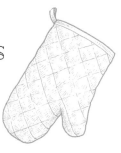

1 如何更好地搅拌打发蛋清
Des blancs en neige bien incorporés

不要一次性进行混合搅拌，先将四分之一打发蛋清倒入需要混合的原料，用打蛋器快速搅拌，使混合物质地变得柔软一些。剩余打发蛋清分2~3次加入，用刮刀轻轻由中心向外翻转搅拌。为避免打发蛋清回缩，搅拌至打发蛋清基本上均匀混入。

2 如何使蛋糕夹心分布更均匀
Une garniture de cake bien sépartie

常常有人说，为使蛋糕的夹心（葡萄干等）分布均匀，需要先将葡萄干裹一层面粉。但是这种说法并不是很有说服力。实际上，可行的方案是先将夹心（水果干、水果块、巧克力豆……）与蛋糕糊混合均匀，然后放入冰箱冷藏30分钟以上。在蛋糕模内涂一层黄油，再撒一层面粉，然后倒入冷藏后的蛋糕糊，立刻放入预热好的烤箱进行烘烤。这样，在烘烤过程中蛋糕糊更易成型，里面的夹心也就不易沉入模具底部。

3 如何成功制作香缇奶油
Une chantilly réussite

淡奶油中脂肪的含量在很大程度上决定了香缇奶油成功的概率，因此必须选择全脂淡奶油，也就是所含脂肪要达到30%~35%的淡奶油。此外，无论是淡奶油还是打发使用的容器都必须是冰的，打发前可先将容器和淡奶油放入冰箱冷冻15分钟。为达到更好的效果，使香缇奶油质地更黏稠、更稳定，可将少量马斯卡彭奶酪（脂肪含量约60%）与淡奶油一起倒入冷冻后的容器中打发：每30~50毫升淡奶油添加满满1汤匙马斯卡彭奶酪。制作好的香缇奶油可置于冰箱中保存2小时左右。

掼奶油与香缇奶油的区别
掼奶油是用打蛋器搅打淡奶油，由于在搅打过程中空气的混入，淡奶油体积会增大并变得膨松。掼奶油本身不添加任何其他原料，无糖，适合与其他原料混合，可用于制作慕斯等。
香缇奶油则是由淡奶油和细砂糖一起打发而成，大多用于制作甜品的夹心或者涂层。

4 如何制作出漂亮贝壳状的玛德琳蛋糕
Des madeleines bossues

要想制作出漂亮贝壳状的玛德琳蛋糕，必须提前一天晚上做好蛋糕糊，放入冰箱冷藏过夜。若没办法提前一天制作，至少也要将蛋糕糊放入冰箱冷藏2小时。用刷子在蛋糕模内刷一层化黄油，倒入蛋糕糊后立刻放入预热好的烤箱。蛋糕糊与烤箱的温度差形成的碰撞可以使蛋糕更好地膨胀，从而形成漂亮的贝壳状。

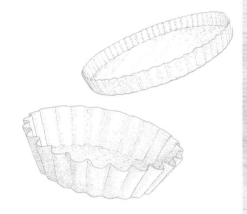

5 如何使蛋糕裂纹更美观
Une jolie fente sur les cakes

有时候，蛋糕在烘烤、膨胀的过程中，顶部会开裂，形成一道裂纹。考虑到蛋糕的美观度，为使裂纹居中并且裂口较为均匀，可在蛋糕烘烤10分钟后，用刀尖在蛋糕顶部轻轻划一刀，然后将蛋糕放回烤箱，继续烘烤。这样蛋糕膨胀时，蛋糕坯内部的气体会从划开的缝隙中逸出，从而形成均匀的裂纹。

6 如何更好地打发蛋清
Des blancs d'oeufs faciles à monter

常温蛋清更易于打发，可置于密封容器中保存4天。尽量选择较大的打蛋器。若打发蛋清后续需要与其他原料混合后放入烤箱烘烤的话，建议提前2～3天将蛋清、蛋黄分离，分别放入密封容器置于阴凉处保存。刚从冰箱取出的蛋清温度过低，可能导致蛋清打发程度不足，从而导致蛋糕不够膨松。

7 如何选择适宜的烘烤时间
Une cuisson optimale

若希望蛋糕内外烘烤程度均匀，可选择以较低的温度烤较长的时间。比如对于蛋糕来讲，通常我们建议将烤箱预热至180℃（6挡），烤40分钟。那么为什么不尝试在160℃（5挡）的温度下烤50分钟至1小时呢？因为用180℃烤出来的蛋糕表面不干，更不会烤焦，而蛋糕内部的松软度也会烤至恰到好处。

糖渍橙皮巧克力慕斯

MOUSSE AU CHOCOLAT ET AUX ORANGES CONFITES

4人份 | 准备时间: 15分钟 | 烘烤时间: 约15分钟 | 冷藏时间: 3小时以上

原料表

橙子1个
细砂糖120克
黑巧克力180克
鸡蛋2个
淡奶油100毫升
盐1小撮

1 用刨丝器将橙皮刨成细丝，将橙子切半后挤汁。将橙汁、细砂糖和12.5毫升水倒入平底锅加热。再加入橙皮丝，加热至沸腾后，调至小火继续煮10分钟，煮至橙皮变半透明状。

2 将黑巧克力掰成块。蛋清和蛋黄分离，分别倒入碗中。淡奶油倒入平底锅加热，煮沸后关火，倒入搅拌碗，再加入黑巧克力块。用木勺快速搅拌，巧克力完全化开后，将蛋黄逐个倒入巧克力酱，并持续搅拌至混合均匀。

3 将盐倒入蛋清中，用电动打蛋器一起打发至硬性发泡。用橡皮刮刀将发蛋清缓缓倒入巧克力酱，轻轻上下翻转搅拌。加入糖渍橙皮，轻轻搅拌。将巧克力慕斯均匀倒入备好的小玻璃瓶，放入冰箱冷藏3小时以上。

白巧克力慕斯

MOUSSE AU CHOCOLAT BLANC

4～6人份

准备时间：10分钟

冷藏时间：3小时

原料表

白巧克力120克
全脂淡奶油400毫升

---

1 将白巧克力掰碎，和1/4全脂淡奶油一起倒入搅拌碗。将搅拌碗置于盛有热水的锅上，开小火隔水加热至巧克力完全化开。注意必须全程小火，防止热水溅入碗中，并且碗底不能与热水接触。

2 移开巧克力碗，放置冷却。从冰箱取出全脂淡奶油，倒入搅拌碗打发。注意不要等淡奶油回温再打发。用橡皮刮刀分3～4次将打发奶油倒入巧克力酱中，上下轻轻搅拌均匀。

3 将巧克力慕斯倒入甜品碗或均匀倒入几个小容器，放入冰箱冷藏3小时。

搭配建议

这款白巧克力慕斯适合搭配红色果酱，色香味俱佳。

其他配方

也可用1咖啡匙水或2汤匙阿玛雷托力娇酒稀释1汤匙速冻咖啡粉，然后加入奶油中来制作这款巧克力慕斯，增添咖啡风味。

女爵慕斯

MARQUISE AU CHOCOLAT

| 4~6人份 | 准备时间：20分钟 | 烘烤时间：3~4分钟 | 冷藏时间：12小时 |

原料表

鸡蛋3个
黑巧克力200克
黄油120克
盐1小撮
糖粉80克

1 前一天晚上开始准备。将蛋清和蛋黄分离，分别倒入碗中。将黑巧克力掰成小块，和黄油一起隔水加热至化开或放入微波炉加热。

2 取出巧克力碗，充分搅拌至质地顺滑。冷却至温热时，加入蛋黄，快速搅拌。

3 蛋清中加盐，一起打发，打发期间缓缓加入糖粉，打发至硬性发泡。用橡皮刮刀将打发蛋清缓缓倒入巧克力酱，上下轻轻搅拌。

4 将搅拌均匀的巧克力慕斯均匀倒入几个小号蛋糕模或直接倒入大号圆形深底蛋糕模中，放入冰箱冷藏12小时。食用时取出即可。

祖母版巧克力杯

CRÈME AU CHOCOLAT DE GRAND-MÈRE

| 6人份 | 准备时间：10分钟 | 烘烤时间：25分钟 | 冷藏时间：2小时 |

原料表

黑巧克力125克
蛋黄6个
细砂糖150克
玉米淀粉1汤匙（满匙）
牛奶400毫升
淡奶油350毫升
香草精1咖啡匙

1 将黑巧克力刨成薄片，备用。将蛋黄和细砂糖倒入深口平底锅，打发至发白、呈慕斯状。加入玉米淀粉，边搅拌边加入牛奶和淡奶油。

2 小火加热平底锅，继续搅拌使蛋奶质地变黏稠，但注意不要将蛋奶煮沸。

3 关火，加入巧克力薄片和香草精，充分搅拌。将搅拌均匀的巧克力酱均匀倒入备好的小杯中。冷却后，密封放入冰箱冷藏3小时以上。

搭配建议

可将无盐开心果碎微微烘烤，撒入
巧克力杯，搭配享用。

巧克力栗子杯

VERRINES AUX MARRONS ET AU CHOCOLAT

4～6小杯	准备时间：15分钟	烘烤时间：3分钟

原料表

烤蛋清（甜品店购买）4份

巧克力酱原料

可可含量为70%的黑巧克力100克
全脂淡奶油100毫升

栗子奶油原料

栗子酱200克
全脂淡奶油100毫升

1 首先制作巧克力酱：巧克力掰成块，倒入碗中。将全脂淡奶油加热，煮沸后立即倒入巧克力块中。加盖密封放置5分钟，然后充分搅拌均匀。

2 开始制作栗子奶油：栗子酱倒入搅拌碗，用刮刀快速搅拌使质地变软。全脂淡奶油打发至硬性发泡。用刮刀将掼奶油舀入栗子酱中。注意不要过度搅拌，轻轻搅拌几下即可，使栗子奶油形成大理石花纹。

3 烤蛋清掰成小块，均匀放入12～15毫升的小玻璃杯底部。均匀倒入巧克力酱，最后用栗子奶油填满玻璃杯。

小贴士 考虑到巧克力栗子杯的美观，可将栗子奶油装入裱花袋，选择自己喜欢的裱花嘴，将花式栗子奶油挤入玻璃杯。

提拉米苏

TIRAMISU

8人份　　　准备时间：15分钟　　　冷藏时间：4小时

原料表

鸡蛋6个

细砂糖6汤匙

马斯卡彭奶酪500克

手指饼干16个

意式浓缩咖啡200毫升

马尔萨拉葡萄酒100毫升

可可粉3汤匙

1 将蛋清和蛋黄分别打入碗中。蛋清中缓缓加入细砂糖，边加入边打发，打发至硬性发泡。将蛋黄和马斯卡彭奶酪混合搅拌。用橡皮刮刀将打发蛋清缓缓倒入蛋黄奶酪中，上下轻轻搅拌。

2 意式浓缩咖啡和马尔萨拉葡萄酒混合。先将手指饼干浸入混合液，待其吸收咖啡和酒后，放入预先准备的容器中（可使用一个大号容器或多个小号容器）。按上述方法依次将所有手指饼干铺入容器底部。最后将蛋奶酱倒入容器，放入冰箱冷藏4小时以上。

3 食用前从冰箱取出，表面撒一层可可粉，即可享用。

其他配方

可用咖啡利口酒代替马尔萨拉葡萄酒。

水果甜品
DESSERTS FRUITÉS

法式樱桃布丁蛋糕
CLAFOUTIS AUX CERISES

6人份 | 准备时间: 15分钟 | 浸渍时间: 30分钟 | 烘烤时间: 35～40分钟

原料表

黑樱桃500克
细砂糖100克
黄油适量（涂抹模具）
面粉125克
盐1小撮
鸡蛋3个
牛奶300毫升
糖粉适量

1 黑樱桃洗净、去梗，不去核，倒入搅拌碗。加入一半细砂糖，与樱桃混合，浸渍30分钟以上。

2 烤箱调至6挡，预热至180℃。准备一个直径24厘米的挞盘或陶瓷烤盘（也可使用同等大小的长方形烤盘），用刷子在模内涂一层化黄油。

3 面粉筛入碗中，加入盐和剩余一半细砂糖。加入鸡蛋，再加入牛奶。用打蛋器充分搅拌均匀。

4 将糖渍樱桃均匀铺入模具底部，倒入混合均匀的蛋糕糊。放入烤箱烤35～40分钟。

5 从烤箱取出蛋糕。冷却至温热后，在表面撒糖粉。即刻享用或完全冷却后享用均可。

其他配方

可按此方法制作黄香李布丁蛋糕。此外，制作时可添加30毫升樱桃酒或黄香李酒。

开心果碎烤苹果

POMMES AU FOUR À LA PISTACHE

| 8人份 | 准备时间：15分钟 | 烘烤时间：30分钟 |

原料表

苹果6个
开心果碎100克
蜂蜜6汤匙
黄油适量

1 烤箱调至6挡，预热至180℃。苹果洗净，用小刀在顶部挖个洞，挖出果核。将苹果放入底部盛有少量水的大号烤盘内。

2 依次将开心果碎和1咖啡匙蜂蜜倒入苹果顶部中空处。放入烤箱烤30分钟。烤至时间过半时，取出烤盘。先将餐盘内的苹果汁浇在苹果上，再在苹果顶部放一小块黄油，继续放入烤箱，完成烘烤。

普罗旺斯焗桃杏

TIAN ABRICOT-PÊCHE

4人份　　｜　　准备时间：20分钟　　｜　　烘烤时间：20～25分钟

原料表

桃子4个
黄杏8个
蜂蜜2汤匙

杏仁酱原料

黄油60克
细砂糖60克
杏仁粉60克
蛋黄1个
面粉1汤匙
苦杏仁香精1/2咖啡匙

1 首先制作杏仁酱。黄油倒入搅拌碗，化开后加入细砂糖、杏仁粉、蛋黄、面粉和苦杏仁香精。用木质刮刀搅拌均匀，倒入普罗旺斯专用泥质烤盘（或焗饭烤盘）。

2 烤箱调至6～7挡，预热至200℃。桃子、黄杏洗净后去皮、去核，切成5毫米左右的薄片。

3 将水果片均匀摆放在杏仁酱上，浇上蜂蜜。放入烤箱烤20～25分钟。

4 从烤箱取出烤盘，趁热搭配香草冰激凌球或甜杏冰沙一起享用。

百香果菠萝卷

PAPILLOTES ANANAS-PASSION AUX ÉPICES

4人份

准备时间：15分钟

烘烤时间：20分钟

原料表

菠萝1个
百香果2个
红糖4汤匙
肉桂粉1/2咖啡匙
八角4个

1 烤箱调至6挡，预热至180℃。准备4张长方形烘焙纸。菠萝切成小块。每张烘焙纸内，放入1/4菠萝块、1/2个百香果果肉、1汤匙红糖、1小撮肉桂粉和1个八角。

2 烘焙纸折叠收口，放入烤箱烤20分钟。从烤箱取出，趁热享用。

水果派对！
J'AI PLEIN DE FRUITS!

水果是制作甜品必不可少的王牌原料。不同的水果之间可以形成多种组合，从最简单的到最复杂的，甚至可以利用水果轻松制作一顿轻食。如果家里的水果不够新鲜或者存量太多时，将水果用于烹饪是最好的选择！

每日餐量
Une poêlée gourmande pour tous les jours

绝大多数水果都可用平底锅进行烹饪：苹果和梨适合切成大小适中的块，李子、杏子、桃子适合切成瓣，菠萝适合切成小丁，芒果适合切成片……

按一人份来算，通常1个梨、1个苹果、少量黄香李或者3～4个李子就足够了。按照上述水果比例，可将50克黄油放入不粘平底锅，倒入切好的水果，中火加热至水果呈金黄色。撒2～3汤匙红糖，慢慢熬成焦糖汁，轻轻搅拌使水果表面均匀裹一层焦糖汁。建议搭配冰激凌球或者掼奶油和饼干。

红色果酱
Les coulis de fruits rouges

若家里有一大堆红色水果，那么就
太棒了。将这些红色水果与少量柠
檬汁、细砂糖一起倒入搅拌机，搅
拌均匀，美味的红色果酱便大功告
成了。建议搭配白奶酪。

经典烤苹果
Le classique aux pommes

一直以来，烤苹果都是一道简单实惠的甜点：苹
果洗净，去核（建议使用去核器）。若使用的不
是有机苹果，请削皮、去核。用刷子在烤盘内刷
一层化黄油，放入苹果。将香料、坚果或水果干
（桂皮、生姜、四香料、蔓越莓、葡萄干、杏仁
片、核桃碎、榛子碎……）和一小块黄油均匀放
入每个苹果心内。烤箱调至6挡，预热至180℃。
将苹果放入烤箱烤40分钟左右即可。

果酱
Les confitures

将水果制成果酱是长期保存水果最简便的一种方式，也是一种消耗不易储存的水果的更好方式。此外，还有多种可用于制作果酱的水果组合任你挑选！

必备神器：果胶

果酱能否制作成功，取决于水果中果胶含量的多少。果胶作为一种天然的凝胶剂，可以改变果酱的质地，增加黏稠感和稳定性。制作果酱时加入适量柠檬汁，有助于水果在加热过程中释放果胶。覆盆子、柑橘类水果以及杏都是果胶含量较多的水果。

水果、细砂糖……所需比例是多少？

按照传统制作方式，制作果酱时我们需要使用与净果（水果去皮去核）同等重量的细砂糖。但是当今我们都在提倡少糖：因此细砂糖的重量占到净果重量的60%～70%就足够了，也就是说每1千克的净果需要600～700克细砂糖。

果酱、果泥还是果冻？

只有果肉和细砂糖的比例达到60%以上才能称之为真正意义上的果酱。果泥通常是用品相不够好或者快要变质的水果来制作，而不是使用完整的水果或者水果块。最后，果冻是用果汁制成的，而果汁是由果肉过滤提取而成。

如何使用果胶含量较少的水果，如草莓和桃子来制作果酱？

建议利用2天时间来制作，这样才有足够的时间使细砂糖渗入水果中，也能使水果中的水分充分释放，水果、细砂糖和水得到更好地融合。前一天晚上，将切好的水果、细砂糖和水倒入锅中加热，沸腾后继续煮15分钟。关火，将煮好的果酱倒入碗中。完全冷却后，盖上盖或者保鲜膜，过夜。第二天，将果酱重新倒回深口平底锅，再次加热，煮30分钟左右，直到果酱通过滴盘测试法（详见下文）测试即可。

滴盘测试法

事先将餐盘放入冰箱。当餐盘温度足够低时，从冰箱取出。在餐盘内倒入一滴果酱，然后倾斜餐盘。若果酱顺着盘子快速下滑，则表示果酱煮的程度不够。若果酱保持不动，则表示可以装罐储存了。

装罐储存

请使用密封性好的玻璃罐来储存果酱。使用前，用热水烫煮玻璃罐或者将玻璃罐连盖（选用可用于烤箱的）放入烤箱烤10分钟进行消毒。将煮好的果酱趁热装罐，并立刻拧紧盖子倒置放在厨房布上，直到完全冷却。倒置是为使玻璃罐中的空气变成真空状态，利于果酱的储存。

优选组合

西瓜-梨

桃子-苹果-桂皮-卡宴辣椒

红色水果-八角茴香

樱桃-大黄

黄香李-柚子

芒果-香草-生姜

覆盆子-香蕉-桂皮

意大利李子-薰衣草花蜜

柠檬烤黄香李

POÊLÉE DE MIRABELLES AU CITRON

| 4人份 | 准备时间：15分钟 | 烘烤时间：15～20分钟 |

原料表

黄香李800克
细砂糖80克
柠檬汁100毫升
香草荚1/2根

---

1 黄香李洗净，切成两半，去核。

2 香草荚剖成两半，取出香草籽备用。将细砂糖、50毫升水、柠檬汁、香草荚和香草籽倒入不粘平底锅，边加热边搅拌，直到细砂糖完全溶化。

3 加入黄香李，继续小火加热10～15分钟，其间用勺子不断搅拌，使黄香李均匀裹上糖浆。

4 用漏勺捞出黄香李，轻轻抖动沥干后，放入准备好的容器中（一个大容器或多个小容器均可）。继续大火加热，倒入糖浆继续煮2～3分钟，直到质地变黏稠。

5 将煮好的糖浆倒入容器。待冷却至常温，密封放入冰箱冷藏储存。食用前取出即可。

<u>小贴士</u> 若没有当季黄香李，也可用速冻黄香李代替。

香料烤香蕉

BANANAS RÔTIES AUX ÉPICES

| 6人份 | 准备时间：10分钟 | 烘烤时间：20分钟 |

原料表

熟透的香蕉（大）4根
肉桂粉1/2咖啡匙
肉豆蔻粉1小撮
细砂糖4汤匙
青柠檬汁100毫升
橙汁150毫升
黑朗姆酒（自选）50毫升

1 烤箱调至7挡，预热至210℃。香蕉剥皮，剖成两半。将香蕉放入大小合适的烤盘，表面均匀撒一层肉桂粉和肉豆蔻粉。

2 细砂糖和青柠檬汁、橙汁混合搅拌至细砂糖完全溶化，然后均匀浇在香蕉上。放入烤箱烤20分钟，中途取出烤盘几次，将烤盘内汁水浇在香蕉上。

3 烤至烤盘内仅剩余极少量汁水即可。从烤箱取出烤盘，将预先加热的少量黑朗姆酒均匀浇在香蕉上，点火燃烧后，即刻享用。

杏仁烤无花果

FIGUES RÔTIES AUX AMANDES

4人份

准备时间：10分钟

烘烤时间：10分钟

原料表

无花果12个
杏仁30克
蜂蜜4汤匙
肉桂粉1小撮
化黄油20克
橙汁1/2个橙子

1 烤箱调至6~7挡，预热至200℃。准备一个烤盘，用刷子在盘内涂一层化黄油。将无花果放入烤盘，顶部划"十"字。

2 杏仁倒入碗中，碾碎，与蜂蜜、肉桂粉搅拌混匀。

3 将搅拌均匀的蜂蜜杏仁碎均匀倒在无花果上，再浇上化黄油和橙汁。放入烤箱烤10分钟。从烤箱取出后，趁热享用。

香料菠萝千层酥

MILLE-FEUILLES D'ANANAS AUX ÉPICES

| 6人份 | 准备时间：25分钟 | 烘烤时间：20～30分钟 |

原料表

千层酥皮8张
化黄油100克
糖粉适量
菠萝1个（约800克）
生姜1小块
小豆蔻4根
红糖4汤匙
香草荚1根
无盐开心果碎30克

1 烤箱调至6挡，预热至180℃。将2片千层酥皮叠在一起，用刷子在表面刷少量化黄油，再撒少量糖粉。将酥皮切成6个直径约为12厘米的圆形酥皮，放入预先铺有烘焙纸的烤盘。放入烤箱烤3～5分钟，烤至表面金黄。用上述方法处理剩余6张酥皮。

2 菠萝切开，去皮、去果眼和硬心，将果肉切成小块，倒入碗中。生姜去皮，擦成丝。香草荚剖成两半，刮出香草籽。将生姜丝、小豆蔻、红糖、香草荚和香草籽倒入大碗中，与菠萝块搅拌均匀。

3 将剩余化黄油放入平底锅，加热后，加入菠萝块。继续中火加热10分钟，并不断搅拌。

4 开始摆盘：每个餐盘内放1张千层酥皮，铺一层菠萝块和无盐开心果碎，再放入第2张千层酥皮，再铺一层菠萝块和开心果碎，依此方法，直到铺上最后1张千层酥皮。

搭配建议

可在酥皮表面撒适量糖粉，摆放小串红醋栗和适量开心果装饰，搭配果酱享用。

焦糖蜜桃酥脆（步骤详解）

CROUSTILLANTS DE PÊCHES AU CARAMEL

4人份	准备时间：30分钟	烘烤时间：15分钟

鲜榨橙汁30毫升

黄油100克

细砂糖4汤匙

橙皮丝1/2个橙子

蜜桃6个

薄饼皮4张

柠檬1个（榨汁）

1 桃子放入盛有沸水的平底锅烫30秒，捞出沥干，微微冷却。

2 桃子剥皮，切成两半，去核。再将其中4个桃子切成块，剩余2个桃子分别切成四瓣。

3 将一半黄油放入平底锅，中火加热至化开。当黄油加热至起泡时，加入橙皮丝，撒入细砂糖，使其慢慢呈焦糖状。

4 切好的桃子倒入平底锅，加热1~2分钟后，轻轻翻面1次，使桃子表面均匀裹上一层焦糖。

5 用漏勺轻轻捞出桃子块和桃子瓣。

6 调至大火，将鲜榨橙汁和柠檬汁倒入平底锅，轻轻搅拌熬成糖浆。

7 烤箱调至6挡，预热至180℃。剩余一半黄油加热至化开，用刷子在薄饼皮上涂一层化黄油。

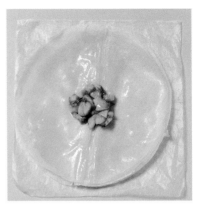

8 桃子块均匀放在4张饼皮中心。桃子瓣备用。

9 饼皮依次叠成钱袋状，插入小竹签封口固定。

10 叠好的饼皮放入不粘烤盘，放入烤箱烤6~8分钟，烤至表面金黄。

11 从烤箱取出烤盘。将熬好的橙汁糖浆均匀倒入餐盘中打底，每个餐盘放1个烤好的酥脆和适量焦糖桃子瓣。装饰适量薄荷叶即可。

香草芒果苹果酱

COMPOTE POMME-MANGUE À LA VANILLE

4人份

准备时间：15分钟

烘烤时间：20~30分钟

原料表

苹果8个
熟芒果1个
香草荚2根
红糖50克
青柠皮丝1/2个青柠檬

---

1 苹果去皮、去核，切成小块。芒果剥皮，切成小块。香草荚剖成两半，用小刀刮出香草籽。

2 将苹果块、芒果块、红糖、香草籽和香草荚倒入平底锅，开小火，边加热边搅拌。加热20~30分钟，煮至果肉块可轻轻压碎。

3 从平底锅中取出香草荚。用勺子或叉子将果肉完全压碎或充分搅拌至质地顺滑。常温冷却。食用前撒上青柠皮丝即可。

伊顿麦斯
ETON MESS

6人份 | 准备时间: 15分钟

原料表

新鲜红色水果500克
糖粉1/2汤匙
柠檬汁1/2个柠檬
烤蛋清（小）20个
全脂奶油400毫升

1 将1/4红色水果和糖粉、柠檬汁混合搅拌均匀。若搅拌后的果酱有子，用小漏勺过滤。

2 在预先准备的小碗或小玻璃杯中，交替放入掰碎的烤蛋清、全脂奶油、剩余水果和果酱。注意不要搅拌全脂奶油（全脂）奶油需保持质地黏稠。放入冰箱冷藏储存。食用前取出即可。

<u>小贴士</u> 无须尝试将原料摆放整齐，这款英式甜品无须刻意注意外观，随意就好。

白葡萄酒炖梨

POIRES POCHÉES AU VIN MOELLEUX

| 4人份 | 准备时间：15分钟 | 烘烤时间：45分钟 |

原料表

柠檬1个
香草荚1根
纯梨汁500毫升
半甜白葡萄酒500毫升
小豆蔻2根
桂皮1根
八角2个
威廉姆梨（不要熟透）4个

1 柠檬用冷水洗净、沥干。用削皮器削皮，将果肉挤汁。香草荚剖成两半，备用。

2 将纯梨汁倒入平底锅，小火加热15分钟。加入半甜白葡萄酒、香料、柠檬皮，继续小火加热，微微沸腾15分钟。

3 汤汁加热期间，开始处理梨。梨削皮，放入柠檬汁浸泡。汤汁煮好后，将梨和柠檬汁一起倒入平底锅，继续小火煮15分钟，注意煮的过程中，将梨轻轻翻转几次。煮好后，关火。冷却至温热，搭配少量糖浆享用。

香草菠萝片

CARPACCIO D'ANANAS À LA VANILLE

4人份 | 准备时间：20分钟 | 冷藏时间：1小时

原料表

菠萝1个（约1千克）

糖浆原料

细砂糖30克
香草荚1根

---

1 菠萝削皮，用刀挖掉菠萝眼，切成薄片。尽量使用切片器，无须去核，切得越薄越好。将菠萝片依次摆放在大餐盘内，注意不要叠放。

2 开始制作糖浆：细砂糖和100毫升水倒入小号深口平底锅加热。香草荚剖成两半，用小刀将香草籽刮入平底锅。煮至微微沸腾时，边轻轻晃动平底锅边继续加热，直到糖浆开始冒大气泡。

3 趁热将糖浆缓缓浇在菠萝片上，用保鲜膜包裹餐盘，放入冰箱冷藏1小时。取出即可享用。

烘焙常见问题
UN PROBLÈME DE PÂTISSERIE

与解决方法
Une solution!

英式蛋奶酱结块
Ma crème anglaise fait des grumeaux

将蛋奶糖混合物倒入平底锅加热时，可以看到表面有一层薄薄的泡沫。接下来加热过程中请注意观察，表面这层泡沫会突然滑向边缘然后消失。这个时候需要立即关火，然后将蛋奶酱迅速倒入事先冷藏过的碗中。若继续加热，蛋奶酱温度超过83℃，便会开始结块。若按上述步骤操作后，蛋奶酱中仍有少量结块，可以用手持搅拌器进行搅拌。这样问题就会得到解决。

蛋奶酱表面结皮
Une vilaine pellicule à la surface de mes crèmes

为防止英式蛋奶酱或卡仕达酱在冷却过程中表面凝结形成奶皮，可以使用保鲜膜：直接将保鲜膜铺在煮好的蛋奶酱上，待冷却后揭掉保鲜膜，此时蛋奶酱表面无奶皮，较为光滑。

马卡龙表皮粗糙
Les coques de mes macarons ont des cloques

马卡龙饼坯质量的好坏是能否成功制作马卡龙的关键。制作饼坯时需要将打发蛋清与杏仁粉、糖粉混合。与其他蛋糕的制作方法不同，制作马卡龙饼坯时，不能分批次轻轻混合，而是需要一次性快速将打发蛋清与杏仁粉、糖粉混合均匀，搅拌至面糊可形成丝带状，且质地必须特别顺滑。除此之外，还有一个小技巧可以制作出表面光滑的马卡龙饼坯：将糖粉和杏仁粉混合，然后用细网过滤，确保粉质细腻。

挞皮质地太软不韧
Mes pâtes à tarte sont toujours molles

丢开那些华而不实的陶瓷或玻璃材质的挞盘吧，这些材质的挞盘不利于挞皮的起酥和膨胀。尽量选择传统的镀锡铁皮挞盘，只需要在首次使用前薄薄涂一层黄油即可。难怪很多专业烘焙师只用这种类型的挞盘。必要时，也可以使用有防粘涂层的挞盘。

蛋糕回缩严重的问题
Mon gâteau tombe comme un soufflé

有时候蛋糕在烤箱烘烤过程中，膨胀程度很好，外形也很漂亮，可是从烤箱取出后，在冷却过程中体积就会严重回缩。那么问题出在哪里呢？一般来说这是由于面团内酵母含量过高导致的，可尝试减少酵母的用量，比如用2咖啡匙的量代替之前一小袋的量。

薄荷柑橘水果烩

NAGE D'AGRUMES À LA MENTHE

4人份	准备时间：10分钟	冷藏时间：2小时

原料表

柚子3个
橙子3个
择好的薄荷叶10～15片
细姜丝1/4咖啡匙
龙舌兰糖浆2汤匙
百香果1或2个

1 柚子、橙子剥皮，按压挤汁。将果肉、果汁、薄荷叶、姜丝和糖浆全部倒入大号餐碗。

2 用保鲜膜包裹碗口，放入冰箱冷藏2小时以上。从冰箱取出后，加入百香果果肉，即可享用。

<u>小贴士</u>　可用生姜粉代替新鲜姜丝，也可加入少量桂皮。

糖渍大黄配香缇奶油

RHUBARBE POCHÉE, CHANTILLY À LA VANILLE

4人份

准备时间: 15分钟

烘烤时间: 15分钟

冷藏时间: 2小时

原料表

大黄400克
细砂糖120克
八角2个
香草荚1根
冷藏全脂淡奶油25毫升
糖粉20克

---

1 前一晚开始准备。大黄切段,和细砂糖一起倒入盛有75毫升沸水的平底锅,煮15分钟。煮好后,捞出大黄,沥干。待大黄完全冷却后,重新倒回平底锅,在糖浆中浸泡过夜。

2 第二天,将香草荚剖成两半,将香草籽刮入淡奶油中搅拌均匀。开始打发冷藏全脂淡奶油,先低速搅打,然后不断加快搅打速度。打发至淡奶油体积增大一倍时,倒入糖粉,打发至香缇奶油。

3 糖渍大黄均匀盛入备好的小碗中。香缇奶油分开放置,搭配食用即可。

罗勒西瓜冰沙

SOUPE DE PASTÈQUE AU BASILIC

4人份 | 准备时间: 20分钟 | 制作时间: 5分钟 | 冷冻时间: 2小时

原料表

西瓜酱原料

西瓜1/4个（约800克）

柠檬（取汁）1/2个

罗勒糖浆原料

细砂糖40克

择好的罗勒叶1汤匙

水150毫升

装饰配料

罗勒叶4片

1 首先制作西瓜酱：西瓜去皮、去子，将果肉切成小块。将1/3西瓜块倒入小碗，放入冰箱冷藏备用。剩余2/3西瓜块和柠檬汁一起搅拌，搅拌成质地顺滑的西瓜酱。

2 开始制作罗勒糖浆：将150毫升水和细砂糖倒入小平底锅，小火加热并持续搅拌，直到细砂糖完全溶化。加热至沸腾后，关火，倒入罗勒碎。盖上锅盖，罗勒碎在糖浆中浸渍10分钟，再将其过滤。将西瓜酱和罗勒糖浆混合搅拌均匀，放入冰箱冷藏2小时。

3 食用前，将罗勒西瓜冰沙和西瓜块从冰箱取出。罗勒西瓜冰沙均匀倒入4个小碗或小杯中，再放入西瓜块。表面放适量罗勒叶装饰，即可享用。

搭配建议

若无足够时间放入冰箱冷藏或想
要更加冰爽的口感，可加入适量
冰块。

蜂蜜开心果烤樱桃

CERISES POÊLÉES AU MIEL ET AUX PISTACHES

4人份	准备时间：10分钟	制作时间：10分钟

原料表

蜂蜜1汤匙
八角2个
樱桃400克
开心果2汤匙

1 蜂蜜和八角倒入平底煎锅，加热至蜂蜜起泡。樱桃去核，倒入煎锅，继续加热5分钟并不断搅拌。

2 煎锅内倒入1汤匙或2汤匙水，轻轻搅拌，与锅底的焦糖混合均匀。最后将樱桃带汁均匀倒入备好的小碗中，撒适量碾碎的开心果。趁热享用或冷却至温热后享用均可。

<u>搭配建议</u>

这款烤樱桃适合搭配白奶酪一起
享用。

爽口荔枝覆盆子果酱

FRAÎCHEUR DE LITCHIS ET FRAMBOISES

4人份 | 准备时间：20分钟 | 制作时间：3分钟

原料表

覆盆子300克
新鲜荔枝500克
（或者冷冻荔枝1盒，
沥干后约260克）
柠檬（取汁）1/2个
细砂糖70克

1 留少量覆盆子备用，其余倒入搅拌机，搅拌成果酱。

2 新鲜荔枝去壳、去核。将新鲜荔枝、覆盆子、覆盆子果酱、柠檬汁和细砂糖一起倒入平底锅，加热至沸腾后，继续煮3分钟左右。其间时不时地用木勺轻轻搅拌。

3 煮好的荔枝覆盆子果酱倒入备好的餐碗中，待完全冷却后放入冰箱冷藏。食用时取出即可。

<u>小贴士</u> 若觉得覆盆子果酱中有籽的口感不够顺滑，可先将果酱进行过滤，再倒入平底锅。

冰激凌甜品
DESSERTS GIVRÉS

黑加仑冰镇夏洛特蛋糕

CHARLOTTE GLACÉE AU CASSIS

| 4～6人份 | 准备时间：40分钟 | 冷冻时间：2小时 | 制作时间：25分钟 |

原料表

黑加仑糖浆（新鲜或冷冻）50毫升
手指饼干24根
黑加仑冰沙750毫升
新鲜黑加仑或黑加仑糖浆150克

英式蛋奶酱原料

牛奶500毫升
香草荚1/2根
蛋黄4个
细砂糖60克

1 黑加仑糖浆加半杯水稀释。手指饼干放入稀释后的糖浆中浸泡。准备1个直径为18厘米的夏洛特蛋糕模，将浸渍后的手指饼干依次摆放在蛋糕模底部和侧壁。剩余饼干备用。

2 在模具底部倒入一层黑加仑冰沙铺底，撒入适量新鲜黑加仑，然后铺一层手指饼干。依此顺序不断叠放，直到原料用完为止。最后将蛋糕放入冰箱冷冻2小时以上。

3 蛋糕冷冻期间，开始制作英式蛋奶酱：香草荚剖成两半，和牛奶一起倒入平底锅加热至沸腾。关火，继续让香草荚在牛奶中浸泡20分钟。蛋黄和细砂糖倒入搅拌碗，打发至发白起泡。将香草荚从牛奶中捞出，用小刀轻轻将香草籽刮入牛奶，再次加热至沸腾。关火，将热牛奶缓缓倒入打发蛋黄，用木勺轻轻搅拌。将蛋奶酱重新倒回平底锅，边小火加热边搅拌，直到蛋奶酱变黏稠，开始粘在木勺上。关火，将平底锅放入盛有冷水的容器中（或者直接将蛋奶酱倒入预先冷冻的容器中），使其快速冷却。完全冷却后，将蛋奶酱放入冰箱冷藏。

4 食用前，从冰箱取出蛋糕模，脱模。表面摆放剩余黑加仑装饰。从冰箱取出英式蛋奶酱，搭配食用即可。

其他配方

若成人食用，可用黑加仑奶油代替黑加仑糖浆。

意式半冷冻蛋糕
SEMIFREDDO

6人份 | 准备时间：45分钟 | 制作时间：10分钟 | 冷冻时间：30分钟

原料表

苹果4个
细砂糖65克
柠檬1个
麝香甜白葡萄酒12毫升
意式杏仁饼（或杏仁味马卡龙）
150克
法式海绵蛋糕坯1个，直径22厘米，
自制最佳（做法详见本书478页，
添加1个柠檬量的柠檬皮细丝）

蛋黄奶油原料

冷冻淡奶油20毫升
蛋黄4个
细砂糖60克

装饰配料

糖粉适量

1 苹果削皮，切成小块。用刨丝器将柠檬皮刨成细丝备用。将苹果块、细砂糖、柠檬皮、麝香甜白葡萄酒倒入平底锅，加入3汤匙水，小火加热10分钟：煮至苹果块软烂熟透，汤汁浓稠。关火，用叉子将苹果块碾成苹果泥。加入碾碎的意式杏仁饼，轻轻搅拌。

2 开始制作蛋黄奶油：将冷冻淡奶油打发。蛋黄和细砂糖倒入平底锅，打发至发白起泡后，隔水加热。再次搅打几次，关火，搅拌至冷却。用刮刀轻轻将打发奶油倒入蛋黄中，轻轻上下搅拌。

3 将蛋黄奶油和苹果泥混合，轻轻搅拌均匀。

4 将预先备好的海绵蛋糕坯横向均匀切成三片。将烘焙纸裁成与蛋糕坯同等大小的圆片。将第一片蛋糕坯放在烘焙纸上，用抹刀均匀涂一层蛋黄奶油。放第二片蛋糕坯，按上述方法再涂一层蛋黄奶油，最后放最后一片蛋糕坯。

5 蛋糕放入冰箱冷冻30分钟，然后移至冷藏区储存。食用前取出，表面撒上糖粉即可。

草莓冰镇舒芙蕾

SOUFFLÉ GLACÉ À LA FRAISE

6人份	准备时间：35分钟	冷冻时间：12小时

原料表

草莓250克
细砂糖30克
蛋黄6个
冷藏全脂淡奶油250毫升
可可粉1汤匙

糖浆原料

细砂糖70克

1 前一晚开始准备。草莓洗净、去梗，切成小块。草莓块和细砂糖倒入搅拌碗混合，备用。

2 开始制作糖浆：细砂糖和200毫升水倒入小平底锅，加热至沸腾。

3 蛋黄倒入碗中。一边缓缓地将蛋黄倒入糖浆，一边开始搅打。关火，继续搅打蛋黄和糖浆，直到蛋黄糖浆完全冷却，呈慕斯状。加入糖渍草莓及其汁水，用刮刀轻轻搅拌均匀。

4 打发冷藏全脂淡奶油，缓缓倒入蛋黄糖浆中，用刮刀轻轻翻转搅拌。

5 准备一个舒芙蕾模具，铺一层烘焙纸。倒入蛋奶糊，放入冰箱冷冻12小时以上。

6 食用前，从冰箱取出，脱模，揭掉烘焙纸。表面撒可可粉，即可享用。

栗子夹心蛋糕（步骤详解）

VACHERIN AU MARRON

6~8人份	准备时间：1小时	浸渍时间：30分钟
冷藏时间：3小时	烘烤时间：1小时40分钟	冷冻时间：12小时

冷冻板栗适量

全脂淡奶油500毫升

栗子酱150克

香草荚1根

细砂糖295克

蛋黄7个

糖粉120克

蛋清6个

杏仁粉120克

栗子泥150克

全脂牛奶150毫升

原料表

栗子夹心酱原料
全脂牛奶150毫升
全脂淡奶油500毫升
香草荚1根
蛋黄7个
细砂糖75克
栗子酱150克
栗子泥150克

蛋糕坯原料
杏仁粉120克
糖粉120克
蛋清6个
细砂糖220克

装饰配料
糖粉适量
冷冻板栗适量

1 前一晚开始准备，首先制作栗子夹心酱：全脂牛奶和栗子酱倒入平底锅，加热至沸腾。香草荚剖成两半，去籽。将香草荚放入热牛奶中，浸泡30分钟，然后将其过滤。

2 蛋黄和细砂糖倒入另一口平底锅，混合搅拌。加入香草热牛奶，小火加热至蛋奶糊质地变黏稠（注意全程小火，不能让蛋奶糊沸腾）。

3 加入栗子酱和栗子泥，搅拌均匀。将混合均匀的栗子夹心酱倒入备好的容器，待完全冷却后，放入冰箱冷藏3小时。将冷藏后的夹心酱倒入冰激凌机冰冻。准备一个圆形深口蛋糕模，将冰冻夹心酱倒入模具，放入冰箱冷冻备用。

4 开始制作蛋糕坯：将杏仁粉和糖粉混合，筛入搅拌碗。

5 将蛋清和少量细砂糖一起打发至泡沫状。打发至蛋清体积增大时，一次性加入剩余细砂糖，继续搅打1分钟。

6 将杏仁粉和糖粉的混合物倒入打发蛋清中，用刮刀轻轻上下搅拌。烤箱调至5~6挡，预热至160℃。

7 烤盘内铺一张烘焙纸，在烘焙纸上画出2个直径为20厘米的圆形图案。用刮刀将夹心酱装入直径为1.5厘米的圆嘴裱花袋中。用裱花袋挤出夹心酱，沿着烘焙纸上的圆形，由外向内绕圈，将夹心酱涂满整个圆形图案。

8 将烤盘放入烤箱烤30分钟，之后将烤箱调至4~5挡，使烤箱温度降至140℃，继续烤1小时。从烤箱取出烤盘，完全冷却后，将蛋糕坯与烘焙纸分离。

9 第二天食用前，先将一个蛋糕坯放入餐盘。从冰箱取出栗子夹心酱，均匀涂在蛋糕坯上。

10 放上第二个蛋糕坯。

11 表面筛一层糖粉，放适量冷冻栗子装饰，即可享用。

红醋栗香梨冰镇奶酪蛋糕
DÉLICE GLACÉ CASSIS-POIRE

6人份 | 准备时间：35分钟 | 沥干时间：1小时 | 冷冻时间：3小时30分钟

原料表

冷藏全脂白奶酪350克
新鲜或速冻红醋栗500克
梨2个
柠檬汁1个柠檬
细砂糖130克
冷藏马斯卡彭奶酪150克

1 将冷藏全脂白奶酪放入铺有两张吸水纸的漏勺中，放1小时，沥干多余水分。

2 红醋栗洗净，剥皮，放入搅拌机打成果酱，过滤备用。

3 梨削皮，切成两半，去梗、去核。将梨切成小块，立即倒入柠檬汁浸泡。

4 细砂糖和100毫升水倒入平底锅，小火加热并缓缓搅拌，使细砂糖完全溶化。加热至沸腾后，关火。将2/3红醋栗果酱倒入平底锅，搅拌均匀。

5 沥干的白奶酪和冷藏马斯卡彭奶酪用电动打蛋器快速打发，倒入盛有红醋栗糖浆的平底锅。准备1个圆形蛋糕模，将1/2蛋糕糊倒入模具。

6 模具放入冰箱冷冻30分钟左右。待蛋糕糊冻至完全凝固后，从冰箱取出模具。将梨块均匀撒在凝固的蛋糕表面，然后倒入剩余蛋糕糊。再次放入冰箱冷冻3小时以上。

7 食用时，从冰箱取出，脱模。放置15分钟微微回温，然后将蛋糕切块，搭配剩余醋栗果酱食用。

巧克力香草泡芙
PROFITEROLES

| 30个 | 准备时间：40分钟 | 烘烤时间：30分钟 |

原料表

泡芙面糊原料

全脂鲜牛奶70毫升
盐1咖啡匙
细砂糖1咖啡匙
黄油50克
面粉70克
鸡蛋2个

巧克力酱原料

黑巧克力200克
鲜奶油100毫升

夹心原料

香草冰激凌（也可自选其他口味）
适量

1 首先制作泡芙面糊：60毫升水和全脂鲜牛奶一起倒入平底锅，加入盐、细砂糖和黄油。边加热边搅拌，煮至沸腾后一次性加入面粉。继续加热，用刮刀缓缓画圈搅拌，直到面糊质地变得均匀、顺滑。煮到面糊开始粘锅时，继续搅拌2～3分钟，使面糊水分再少一点。关火，移开平底锅，冷却。当面糊冷却至温热时，逐个加入鸡蛋，持续搅拌，并时不时地用刮刀上下翻转搅拌。搅拌至面糊出现纹路即可。

2 烤箱调至7挡，预热至210℃。将面糊倒入套有圆形裱花嘴的裱花袋中。烤盘铺一张烘焙纸，用裱花袋将面糊在烘焙纸上挤成30个核桃大小的小圆球。放入烤箱烤7分钟，然后将烤箱调至5～6挡，温度降至170℃，继续烤15分钟。可用手指轻轻触碰泡芙，检查烘烤程度：手指轻触，泡芙不回缩即可。否则，适当延长烘烤时间。

3 开始制作巧克力酱：黑巧克力切块，倒入碗中。鲜奶油加热至沸腾，然后迅速倒入巧克力块中，搅拌至巧克力完全化开，混合均匀。

4 用小刀横向切掉泡芙顶部，将香草冰激凌球放入泡芙，再盖上泡芙顶。将泡芙依次放入大餐盘或单独的容器。表面淋温热的巧克力酱，即刻享用口感最佳。

意式水果冰激凌夹心蛋糕
CASSATE ITALIENNE

8人份 | 准备时间: 15分钟 | 烘烤时间: 15分钟 | 冷冻时间: 4小时

原料表

单一或混合坚果（核桃碎、杏仁、
开心果等）60克
自选冰激凌（巧克力或香草或草
莓口味）1升
细砂糖80克
蛋黄5个
全脂淡奶油500毫升
糖渍水果60克

1 若坚果选择杏仁，将杏仁倒入平底锅烘烤5分钟左右，其间不断翻搅，至杏仁表面呈金黄色即可。若选择核桃或开心果，则省略这一步。从冰箱取出冰激凌。

2 细砂糖和70毫升水倒入小平底锅，加热至沸腾。蛋黄倒入碗中，一边缓缓加入煮沸的糖浆，一边搅打蛋黄，持续搅打至完全冷却、呈慕斯状。将全脂淡奶油打发，缓缓倒入打发蛋黄，用刮刀轻轻上下翻拌搅拌。将糖渍水果切成小丁，和坚果一起倒入蛋奶糊，轻轻搅拌。

3 准备一个直径为18厘米的夏洛特蛋糕模，用橡胶刮刀将冰激凌均匀涂在模具底部和侧壁。将蛋奶糊倒入模具，放入冰箱冷冻4小时。

4 食用前从冰箱取出蛋糕模，将模具外侧置于热水龙头下冲几秒钟。最后将蛋糕倒扣在餐盘上，脱模，即可享用。

其他配方

这款意式冰激凌蛋糕的夹心有很多种选择：糖渍水果、新鲜水果、柠檬皮细丝、巧克力块、松子、海绵蛋糕等。可将3汤匙朗姆酒、马拉斯加酸樱桃酒和橙花水混合，浇在蛋糕表面，增添风味。还可用250克意大利乳清干酪代替一半淡奶油来制作这款蛋糕。

杏仁巧克力冰激凌蛋糕

PARFAIT GLACÉ AU CHOCOLAT ET AMANDES CARAMÉLISÉES

| 4人份 | 准备时间：30分钟 | 冷冻时间：6小时 | 烘烤时间：5分钟 |

原料表

黑巧克力200克
细砂糖100克
蛋黄3个
黄油50克
冷藏全脂淡奶油250毫升
杏仁片50克
红糖30克
白巧克力碎50克

1 黑巧克力切块，倒入小锅，隔水加热至化开。将细砂糖和50毫升水倒入另一平底锅，加热熬成糖浆。

2 蛋黄倒入厨师机的搅拌盆，边加入热糖浆边搅拌，搅拌至蛋黄发白。加入黑巧克力块和黄油块，再次搅拌均匀。

3 将冷藏全脂淡奶油打发，缓缓倒入巧克力糊，轻轻搅拌均匀。准备一个长15厘米、宽8厘米的长方形蛋糕模，模内铺一层烘焙纸，贴紧底部和侧壁。将巧克力奶油糊倒入模具，放入冰箱冷冻6小时以上。

4 杏仁片倒入平底锅，小火烤至表面变色。撒入红糖，继续加热并轻轻翻搅，使杏仁片表面均匀裹一层焦糖。关火，将焦糖杏仁片倒在一张烘焙纸上冷却。

5 从冰箱取出蛋糕模，若需要，微微加热蛋糕模，比如将蛋糕模底部放入热水中浸泡片刻，方便脱模。脱模后，将焦糖杏仁片和白巧克力碎撒在蛋糕表面，即可享用。

夏日冰冰凉
SE RAFRAÎCHIR EN ÉTÉ

炎炎夏日有什么能比一份清爽的甜品更让人开心的呢？这里有一些快手甜品食谱，可以让你不必花很长时间待在厨房也能享受夏日的清凉，快来看看吧！

小贴士 食用前10分钟从冰箱中取出冰激凌，以便更好地保持冰激凌球的形状。若天气过于炎热，可将制作完成的甜品放入冰箱冷藏30分钟后再食用。

推荐工具
Les bons équipements

目前市面上有很多专业的工具可以满足自制冰激凌的需求，比如传统雪葩机、自动冰激凌机等。利用这些工具，我们可以轻松在家自制更加健康、少糖的冰激凌，更重要的是口味、配料更加丰富！传统雪葩机配置一个冷冻碗，需要在每次使用前将冷冻碗放入冰箱冷冻几小时。
自动冰激凌机相比传统雪葩机而言，机身较重、价格更高，但因其自身具备制冷功能，制作起来更加方便。

若没有雪葩机和冰激凌机怎么办？
Et si on n'a ni sorbetière ni turbine?

即使没有冰激凌机，同样可以自制冰激凌！所需原料都是一样的：制作雪葩需要果酱或果泥以及糖浆，制作冰激凌通常还需要加入英式蛋奶酱。将所有原料倒入冷冻盘，晃动2~3次混合均匀，放入冰箱冷冻。冷冻成型后，从冰箱取出，掰成块或者切成块，倒入搅拌机搅拌即可。

3

4

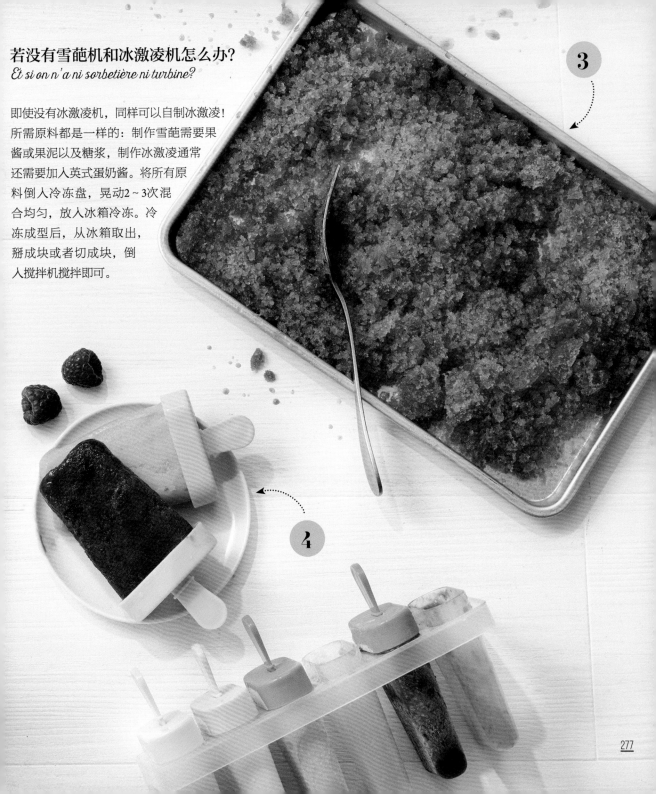

椰香低卡冰激凌
NICE CREAM PIÑA COLADA

4人份

速冻菠萝块600克+新鲜菠萝1片
- 椰奶200毫升　　　　　　　　· 白朗姆酒（自选）100毫升
- 红糖2汤匙　　　　　　　　　· 青柠檬皮适量

将所有原料倒入搅拌机，先低速搅拌，然后逐渐提速，最后高速搅拌，搅拌至混合物呈慕斯状。倒入甜品碗，用新鲜菠萝块和柠檬皮装饰，即可享用。若不立即享用，请立即倒入容器，放入冰箱冷冻。食用前，提前10分钟取出即可。

这款低卡冰激凌制作时间短，且无须使用雪葩机或自动冰激凌机，而是将速冻水果与其他原料直接混合即可。很多人选择用熟透的香蕉来作为主料，因为熟透的香蕉口感更加顺滑，其实所有的水果都能满足这一点。这款意式冰激凌的特点就是口感顺滑，立即享用口感最佳。

青柠芒果雪葩
SORBET MANGUE ET CITR ON VERT

2

4人份
准备时间：10分钟 · 制作时间：5分钟 · 冷藏时间：3小时

- 青柠檬1个　　　　　　　　　· 细砂糖60克
- 熟透的芒果2个+1/2个（搭配）

将所有原料倒入搅拌机，先低速搅拌，然后逐渐提速，最后高速搅拌，搅拌至混合物呈慕斯状。倒入甜品碗，用新鲜菠萝块和柠檬皮装饰，即可享用。若不立即享用，请立即倒入容器，放入冰箱冷冻。食用前，提前10分钟取出即可。

1 用刨丝器将青柠皮刨成细丝，青柠挤汁，备用。将150毫升水、青柠皮、青柠汁和细砂糖一起倒入平底锅加热，沸腾后继续煮5分钟，熬成糖浆。关火，冷却至温热。

2 芒果剥皮，将芒果果肉和糖浆混合均匀，放入冰箱冷藏2小时以上。

3 从冰箱取出芒果糖浆，倒入雪葩机或自动冰激凌机。将制成的冰激凌放入冰箱的冰格或其他容器，放入冰箱冷冻定型，时间1小时左右。剩余1/2芒果切片，搭配冰激凌享用。

意式水果冰沙
GRANITÉ DE FRUITS ROUGES

3

> **4人份**
> 准备时间：10分钟·冷冻时间：3小时20分钟

· 细砂糖30克   · 柠檬汁少许
· 红色水果250克（或红色水果果酱20毫升）

1 100毫升水、细砂糖、柠檬汁和水果倒入平底锅加热，其间时不时搅拌，熬成糖浆。将糖浆倒入金属平底盘，放入冰箱冷冻。

2 冷冻至20分钟时，用叉子敲碎已经冻结的表层，继续放入冰箱冷冻。这样重复操作2~3次，直到冰沙全部呈粗颗粒状。整个过程大约需要3小时。制作完成后，请立即享用，口感最佳。

节日豪华版意式冰沙
Granités de fête !

· 将上述原料中的柠檬汁换成10毫升香槟。
· 将冰沙倒入小玻璃杯，放适量红色水果串装饰。
· 若冰沙搭配鸡尾酒，事先将玻璃杯杯口放入柠檬汁浸湿，再放入砂糖中，使杯口裹上一层砂糖。

果味雪糕
ESQUIMAUX FRUITÉS

4

> 准备时间：10分钟·冷冻时间：3小时

芒果口味：熟透芒果2个·柠檬汁少许·细砂糖1咖啡匙
草莓口味：草莓250克·柠檬汁少许
柠檬口味：2个柠檬的汁、150克细砂糖和30毫升水熬成的糖浆

1 根据选择的口味，将相应的水果、少许柠檬汁和细砂糖一起搅拌，搅拌成质地顺滑的果酱。若选择柠檬口味，则事先熬好糖浆，冷却备用。

2 准备一些雪糕模具，先放入适量水果块，再将果酱或糖浆倒入模具。放入冰箱冷冻3小时。

> **小贴士** 可将模具短暂放入热水浸泡，以便快速脱模。

冰激凌糖水白桃

PÊCHES MELBA

4人份	准备时间：30分钟	烘烤时间：12~13分钟

原料表

草莓150克
白桃4个
香草冰激凌750毫升

糖浆原料

细砂糖250克
香草荚1根

1 草莓洗净、去蒂，用搅拌机或果蔬机打成果酱。

2 白桃放入沸水中烫30秒，然后立刻捞出放入冷水中，剥皮。

3 开始制作糖浆：香草荚剖成两半，去籽。将500毫升水、细砂糖和香草荚倒入平底锅加热，沸腾后继续煮5分钟。加入去皮白桃，小火继续煮7~8分钟，并不断搅拌。关火，捞出白桃，沥干，放至完全冷却。将白桃切成两半，去核。

4 将白桃块均匀放入备好的容器中，浇一层草莓酱，放一个香草冰激凌球，即可享用。

搭配建议

可添加适量香缇奶油和杏仁片，
增添风味。

其他配方

可按上述方法制作冰激凌糖水梨，用香草糖浆来煮梨即可。

法式巧克力淋面糖水煮梨

POIRES BELLE-HÉLÈNE

6人份

准备时间：45分钟

烘烤时间：20～30分钟

原料表

梨6个
黑巧克力125克
全脂淡奶油60毫升
香草冰激凌1升

糖水原料

细砂糖250克

---

1 首先制作糖浆：将细砂糖和500毫升水倒入平底锅，加热至沸腾。

2 梨削皮，注意不要去梗，保持梨本来的形状。将梨放入糖水中，煮20～30分钟。煮至梨完全变软，关火，捞出、沥干，放入冰箱冷藏。

3 将60毫升水加热至沸腾。黑巧克力先切块，再切碎，倒入另一平底锅。将沸水倒入巧克力块，充分搅拌至巧克力完全化开。然后加入全脂淡奶油，轻轻搅拌均匀。

4 准备几个玻璃杯或玻璃小碗，先放入冰激凌球，再放入一个糖水梨，最后将热巧克力酱浇在梨上，盖住顶部即可。

夹心小柑橘

MANDARINES GIVRÉES

8人份	准备时间：30分钟	冷冻时间：3小时30分钟

原料表

橘子16个
细砂糖80克
热水80毫升
蛋清1个

1 先用面包刀将8个橘子顶部切掉，再用小勺轻轻挖出果肉，注意不要破坏果皮。将橘壳和橘盖放入冰箱冷冻备用。

2 挖出的果肉倒入漏勺，漏勺底部放一个容器，用刮刀按压果肉取汁。将剩余橘子切开，挤汁。需要80毫升橘汁备用。

3 将细砂糖倒入热水中，搅拌至完全溶化，然后加入橘汁。搅拌均匀后倒入容器，放入冰箱冷冻3小时以上。

4 食用前30分钟左右，用叉子搅打蛋清。从冰箱取出冷冻的橘汁，脱模倒扣在案板上，用刀切成块。将橘汁块倒入厨师机的搅拌盆，边搅拌边缓缓倒入2/3蛋清，搅拌至慕斯状即可。从冰箱取出橘子皮和橘皮盖，用慕斯状夹心酱填满橘壳，放上橘盖，放入冰箱冷冻30分钟。

其他配方

可按上述方法，用柠檬或橙子或葡萄柚制作出不同口味的小甜品。

烤蛋清冰激凌蛋糕（步骤详解）

OMELETTE NORVÉGIENNE

6人份	准备时间：1小时30分钟	烘烤时间：30分钟

浓缩香草精1咖啡匙

香草冰激凌1升

黄油40克

蛋清3个

糖粉适量

柑曼怡香橙利口酒
（GrandMarnier）100毫升

鸡蛋4个

细砂糖315克

面粉140克

原料表

香草冰激凌1升

糖粉适量

海绵蛋糕原料

面粉140克

黄油40克

鸡蛋4个

细砂糖140克

烤蛋清原料

蛋清3个

细砂糖75克

浓缩香草精1咖啡匙

糖浆原料

细砂糖100克

柑曼怡香橙利口酒（GrandMarnier）

100毫升

1 香草冰激凌常温下慢慢软化，软化后倒入长方形蛋糕模中，用刮刀将表面抹平。将蛋糕模放入冰箱冷冻备用。烤箱调至6~7挡，预热至200℃。准备一个烤盘，铺一层烘焙纸。

2 开始制作海绵蛋糕：面粉过筛至碗中。黄油放入小平底锅，小火加热至完全化开。关火，冷却至温热。

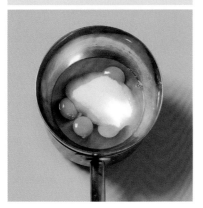

3 鸡蛋倒入小锅，边搅拌边缓缓加入细砂糖。将小锅放入微微沸腾的热水中隔水加热，并开始用打蛋器搅拌，直到蛋糊质地变得黏稠。

4 关火，将小锅从热水中取出，继续用打蛋器搅拌蛋糊，直到完全冷却。舀2汤匙蛋糕至小碗中，加入化黄油，轻轻搅拌。将面粉一次性倒入小锅，轻轻搅拌。将小碗中的蛋糕倒回小锅，轻轻搅拌。

5 蛋糕糊倒入烤盘，放入烤箱烤15分钟。检查蛋糕烘烤程度：将刀尖插入蛋糕再拔出，拔出的刀尖干燥即可。蛋糕常温冷却。

6 用刀将蛋糕切成2片与蛋糕模大小相同的长方形蛋糕片。烤箱调至8~9挡，温度升至250℃。

7 开始准备烤蛋清：边将一半细砂糖缓缓倒入蛋清，边打发蛋清至泡沫状。当蛋清体积增大一倍时，倒入另一半细砂糖和香草精，打发至慕斯状。

8 开始制作糖浆：细砂糖和100毫升水倒入小锅，加热至沸腾，熬成糖浆。关火，微微冷却后加入一半利口酒。将1片蛋糕片放入烤盘，用刷子在表面刷一层糖浆。

9 食用前，预热烤箱。从冰箱取出蛋糕模，脱模，放在餐盘内蛋糕片上，再盖上另一片蛋糕片。用刮刀将一半打发蛋清均匀涂在蛋糕表面，盖住整个蛋糕，然后将表面抹平。

10 剩余一半打发蛋清倒入裱花袋，在蛋糕顶部挤出花纹。最后均匀撒一层糖粉，放入预热好的烤箱，烤箱门打开的情况下烤3分钟。

11 剩余一半利口酒倒入小锅中加热。关火，用火柴点燃利口酒，立刻浇在蛋糕表面，利用火焰烘烤表面蛋清。最后这一步请在上桌后进行。火焰熄灭后，即刻享用最佳。

芒果雪葩

SORBET À LA MANGUE

1升雪葩	准备时间：10分钟	冷藏时间：3小时

原料表

熟透的芒果1.2千克
黄柠檬或青柠檬1个
细砂糖50克

1 芒果剥皮、去核，切成块。芒果块倒入搅拌机或果蔬机，搅拌成果酱：注意至少需要做成800克果酱。柠檬挤汁备用。

2 细砂糖和100毫升水倒入小锅，加热至细砂糖完全溶化。

3 用搅拌器将芒果酱和柠檬汁搅拌均匀。根据自身口味，加入适量糖浆（若芒果本身甜度较高，也可省略这一步），轻轻搅拌。将芒果酱放入冰箱冷藏3小时以上。食用前取出，倒入冰激凌机制作即可。

小贴士 若家中没有冰激凌机，则可将制作好的芒果酱放入冰箱冷冻。冷冻2小时后，倒入搅拌机搅拌。之后继续放入冰箱冷冻2小时即可。

其他配方

在此配方中添加适量青柠皮，口味更佳。

薄荷冰激凌

GLACE À LA MENTHE

1升冰激凌 | 准备时间：20分钟 | 静置时间：20分钟 | 冷藏时间：3小时

原料表

全脂鲜牛奶500毫升
全脂淡奶油250毫升
新鲜薄荷碎25克
蛋黄6个
细砂糖140克

装饰配料

薄荷叶适量

1 全脂鲜牛奶和全脂淡奶油倒入平底锅，加热至沸腾。关火，倒入新鲜薄荷碎，加盖浸泡20分钟。之后过滤薄荷碎。

2 将蛋黄倒入另一口平底锅，边加入细砂糖边打发。加入薄荷牛奶，小火加热并不断用木勺搅拌。注意不要让蛋奶沸腾，搅拌至蛋奶质地变黏稠（温度需达到83℃）。

3 立刻将蛋奶倒入浸在冰块中的大碗内，快速冷却。待蛋奶完全冷却，放入冰箱冷藏3小时以上。食用前放入雪葩机制作即可。

小贴士 若家中没有雪葩机，将蛋奶放入冰箱冷冻2小时，然后用搅拌机搅拌。之后继续放入冰箱冷冻2小时。食用前取出，倒入容器，放几片薄荷叶装饰即可。

柠檬冰沙

GRANITÉ AU CITRON

1升

准备时间：15分钟

冷冻时间：3小时

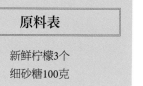

原料表

新鲜柠檬3个
细砂糖100克

1 用刨丝器将1个柠檬的皮刨成细丝。其余3个柠檬去皮挤汁，并保留果肉备用：大约需要150毫升柠檬汁。

2 细砂糖和80毫升水倒入大碗中，隔水加热至细砂糖完全溶化。加入柠檬皮、柠檬汁和柠檬果肉，充分搅拌。放入冰箱冷冻备用。

3 冷冻1小时30分钟后，从冰箱取出，用叉子敲碎搅拌。再次放入冰箱冷冻，直到冰沙完全成形。

其他配方

可用青柠檬代替黄柠檬，并加入一小杯伏特加，增添风味。

奶油巧克力冰激凌杯

CHOCOLAT LIÉGEOIS

6人份	准备时间：15分钟	烘烤时间：5分钟

原料表

水75毫升
细砂糖75克
可可含量为67%的巧克力180克
可可粉30克
冷藏全脂淡奶油200毫升
巧克力冰激凌750毫升
黑巧克力薄片（详见本书第52页）
适量

1 首先准备巧克力酱：细砂糖和75毫升水倒入平底锅，加热至沸腾。巧克力切块，和可可粉一起倒入平底锅，用手动打蛋器快速搅拌。关火，将巧克力酱倒入搅拌机搅拌3分钟。

2 将一个大碗放入冰箱冷冻15分钟备用。将冷藏全脂淡奶油打发至硬性发泡，装入套有锯齿形裱花嘴的裱花袋中。

3 食用前，准备6个高玻璃杯，每个杯中放入两个冰激凌球。倒入冷却的巧克力酱。最后用裱花袋在杯中挤入打发奶油，撒上黑巧克力薄片。放入吸管和小勺，即刻享用最佳。

其他版本

若想制作奶油冰咖啡，则需要750毫升冰咖啡和适量咖啡冰激凌。

宴会甜品
GÂTEAUX POUR RECEVOIR

巴黎榛子车轮泡芙
PARIS-BREST AU PRALIN

| 6人份 | 准备时间：40分钟 | 烘烤时间：45～50分钟 |

原料表

泡芙面糊原料

牛奶100毫升

盐1/2咖啡匙

细砂糖1咖啡匙

黄油75克

面粉100克

鸡蛋3个+1个（备用）

蛋黄1个（涂抹用）

杏仁薄片20克

榛子奶油原料

牛奶250毫升

黄油125克

鸡蛋1个+蛋黄1个

细砂糖30克

玉米淀粉30克

榛子碎80克

装饰配料

糖粉适量

1 首先按照本书476页的具体步骤制作基础泡芙面糊。

2 烤箱调至6～7挡，预热至190℃。将泡芙面糊倒入圆嘴裱花袋。烤盘内铺一层烘焙纸，在烘焙纸上画一个直径为20厘米的圆圈。用裱花袋沿着圆圈边缘依次挤出8个直径为4厘米的泡芙球，形成花环状。

3 蛋黄加少量水稀释搅匀，然后用刷子在泡芙球表面刷一层蛋黄，再撒适量杏仁薄片。放入烤箱烤30分钟，烤完后，继续在烤箱中冷却。全程不要打开烤箱门。

4 开始制作榛子奶油。牛奶倒入平底锅，加热至沸腾。黄油均匀分成两份，一份切成小丁，一份放入碗中备用。将1个鸡蛋、1个蛋黄、细砂糖和玉米淀粉倒入另一碗中，搅拌均匀。将蛋糊倒入煮沸的牛奶中，继续加热并持续搅拌至奶酱开始沸腾。加入黄油丁，搅拌至完全化开。关火，将黄油奶酱倒入盘中，盖一层保鲜膜，冷却。将榛子碎倒入另一份化黄油中，混合搅拌。最后将黄油榛子碎倒入冷却的黄油奶酱中，用搅拌机搅拌均匀。

5 从烤箱取出冷却的泡芙。用刀将泡芙横向切成两半。将榛子奶油倒入套有锯齿形裱花嘴的裱花袋中，将奶油均匀挤在切开的泡芙上，然后重新盖上每个泡芙的"帽子"。放入冰箱冷藏。食用前，从冰箱取出，撒上糖粉即可。

小贴士 尽可能延长泡芙在烤箱中冷却的时间。

香缇奶油泡芙

CHOUX À LA CHANTILLY

12个	准备时间：30分钟	烘烤时间：45～50分钟

原料表

泡芙面糊原料

牛奶100毫升

盐1/2咖啡匙

细砂糖1咖啡匙

黄油75克

面粉100克

鸡蛋3个+1个（备用）

蛋黄1个（涂抹用）

香缇奶油原料

冷藏全脂淡奶油250毫升

马斯卡彭奶酪2汤匙

糖粉2汤匙

香草荚2根

装饰配料

糖粉适量

1 烤箱调至6～7挡，预热至190℃。开始制作泡芙面糊：将80毫升水、牛奶、盐、细砂糖和黄油倒入平底锅，边加热边搅拌，加热至沸腾。一次性加入面粉，继续加热，并用木勺匀速搅拌，直到面糊质地变得顺滑（面糊开始粘在平底锅壁上）。继续搅拌1～2分钟，使面糊质地略微变黏稠。

2 将泡芙面糊倒入碗中，加入1个鸡蛋，充分搅拌均匀。重复上述步骤，依次加入剩余2个鸡蛋。继续搅拌，直到用勺子舀起面糊时，面糊形成丝带状。如有需要，将第4个备用鸡蛋缓缓倒入面糊，搅拌至面糊形成纹路。

3 将泡芙面糊倒入裱花袋，套锯齿形裱嘴或圆形裱嘴的裱花袋均可。烤盘铺一张烘焙纸，用裱花袋在烘焙纸上挤出12个直径5～6厘米的泡芙球。注意每个泡芙球之间留出适当距离，因为在烘烤过程中泡芙球会膨胀。

4 蛋黄加少量水稀释，用刷子在泡芙球表面涂一层蛋液。放入烤箱烤35～40分钟。取出后，置于烤架冷却。

5 香草荚剖成两半，用小刀刮出香草籽备用。将冷藏全脂淡奶油、马斯卡彭奶酪、糖粉和香草籽一起打发。

6 将打发奶油倒入裱花袋，在每个泡芙内填满奶油。以下两种方法任选其一。切掉泡芙顶部，挤上厚厚一层奶油，再盖上泡芙顶。或者在泡芙底部开洞，挤入奶油。食用前，表面撒适量糖粉即可。

小贴士 可在食用前提前将奶油挤入泡芙，但也不宜过早，以免奶油融化。

8款优选亲子甜品

LES TOP 8 DES RECETTES À FAIRE AVEC LES ENFANTS

酸奶蛋糕
GÂTEAU AU YAOURT
P16

香蕉面包
BANANA BREAD   P54

红果巧克力卷
ROULÉ AU CHOCOLAT ET AUX
FRUITS ROUGES   P72

5

4

6

8

7

圣多诺黑泡芙挞

SAINT-HONORÉ

| 6～8人份 | 准备时间：1小时15分钟 | 烘烤时间：40分钟 |

原料表

纯黄油千层酥皮面团200克

卡仕达酱原料

牛奶350毫升

香草荚1/2根

蛋黄4个

细砂糖85克

玉米淀粉35克

泡芙面糊原料

牛奶50毫升

盐1/2咖啡匙

细砂糖1/2咖啡匙

黄油45克

面粉60克

鸡蛋2个

焦糖原料

细砂糖100克

白醋2咖啡匙

香缇奶油原料

冷藏全脂淡奶油300毫升

香草细砂糖2小袋

1 首先制作卡仕达酱：香草荚剖成两半，取出香草籽。牛奶和香草荚倒入平底锅，加热至沸腾。蛋黄、细砂糖和玉米淀粉倒入碗中，混合均匀。从牛奶中捞出香草荚。先将少量热牛奶倒入蛋黄，搅拌均匀。然后全部倒回平底锅，继续加热并不断搅拌至质地变黏稠。关火，冷却。

2 烤箱调至7挡，预热至210℃。开始制作泡芙面糊：将50毫升水、牛奶、盐、细砂糖和黄油倒入深口平底锅，加热至沸腾。加入面粉，边加热边快速搅拌，搅拌至泡芙面糊质地变得均匀、顺滑。当泡芙面糊开始粘壁，调至小火，继续加热并搅拌2～3分钟。关火，移开平底锅，冷却。当泡芙面糊冷却至温热时，依次加入鸡蛋，每次搅拌均匀后再加入下一个鸡蛋。

3 酥皮面团擀开，擀成直径为24厘米的圆形面皮。用叉子在面皮表面扎孔，然后放入铺有烘焙纸的烤盘。

4 将泡芙面糊倒入裱花袋，在裱花袋底部套直径为1厘米的圆嘴裱花头。自距离面皮边缘1厘米处开始，挤出泡芙面糊由外而内螺旋状画圈，直到涂满整个面皮表面。准备另一个烤盘，铺一张烘焙纸，挤出18个直径约为2厘米的泡芙球。将两个烤盘同时放入烤箱，先烤5分钟，之后将烤箱调至5～6挡，温度降至170℃。继续烘烤10分钟后，从烤箱取出泡芙球。面皮继续留在烤箱烤10分钟，之后取出冷却。

5 卡仕达酱倒入套有小号圆嘴裱花的裱花袋中，将裱花嘴插入泡芙底部，挤入卡仕达酱。

6 制作焦糖（做法详见本书489页）。依次将泡芙浸入焦糖，使其表面均匀裹一层焦糖，然后依次贴紧摆放在烤好酥皮上。

7 将淡奶油和香草细砂糖打发为香缇奶油。倒入套有锯齿形裱花嘴的裱花袋中，在每个泡芙球之间挤满香缇奶油。

其他配方

可按自身喜好，先添加适量草莓或者覆盆子，再挤出香缇奶油。

巧克力修女泡芙

RELIGIEUSES AU CHOCOLAT

| 12个 | 准备时间：45分钟 | 烘烤时间：40分钟 |

原料表

巧克力酱原料

蛋黄6个

细砂糖140克

玉米淀粉40克

牛奶500毫升

黑巧克力150克

马斯卡彭奶酪50克

泡芙面糊原料

全脂鲜牛奶140毫升

盐1咖啡匙（满匙）

细砂糖1汤匙（满匙）

黄油100克

面粉140克

鸡蛋4个

淋面原料

巧克力淋面250克

（详见本书第486页）

1 首先制作巧克力酱：蛋黄、细砂糖倒入碗中混合，然后加入玉米淀粉。牛奶倒入深口平底锅，加热至沸腾。将少量热牛奶倒入蛋黄，搅拌均匀，然后将混合物倒回平底锅。边加热边搅拌，直到蛋奶质地变黏稠。关火，倒入切成小块的巧克力，搅拌至完全化开。冷却后加入马斯卡彭奶酪，放入冰箱冷藏备用。

2 烤箱调至7挡，预热至210℃。接下来开始制作泡芙面糊：将120毫升水、全脂鲜牛奶、盐、细砂糖和黄油倒入深口平底锅，加热至沸腾。加入面粉，快速搅拌，搅拌至面糊均匀顺滑。当面糊开始粘壁时，调至小火，继续加热并搅拌2～3分钟。关火，移开平底锅，使面糊冷却。面糊冷却至温热时，依次加入鸡蛋，每次搅拌均匀后再加入下一个鸡蛋。

3 准备2个烤盘，铺一层烘焙纸。将泡芙面糊倒入裱花袋，套上大号圆形裱花嘴，在一个烤盘内挤出12个大泡芙球，另一个烤盘内挤出12个小泡芙球（直径分别为12厘米和5厘米）。

4 烤盘放入烤箱烤5分钟，之后将烤箱调至5～6挡，温度为170℃。烤至10分钟时，取出小泡芙，放入大泡芙继续烤10分钟。之后取出，冷却。

5 将巧克力酱倒入套有细嘴的裱花袋中。将裱花嘴插入泡芙底部，挤入巧克力酱。

6 开始制作淋面：依次将泡芙球顶部浸入巧克力淋面酱中，裹一层巧克力酱。用手指擦掉多余部分，放入烤盘。放置几分钟，待巧克力酱凝固定形后，将小泡芙放在大泡芙上即可。

其他配方

也可用榛子奶油代替巧克力酱来制作（详见本书第300页的巴黎榛子车轮泡芙食谱）。

草莓蛋糕

FRAISIER

6人份	准备时间：30分钟	制作时间：15分钟

法式海绵蛋糕坯1个
（直径22厘米）

黄油175克

蛋黄4个

细砂糖150克

牛奶250毫升

樱桃酒2汤匙

鸡蛋1个

草莓500克

糖粉适量

面粉30克

原料表

法式海绵蛋糕坯1个（直径22厘米）
草莓500克

黄油酱原料

黄油175克
细砂糖70克
鸡蛋1个+蛋黄1个
樱桃酒1汤匙

卡仕达酱原料

蛋黄3个
细砂糖50克
面粉30克
牛奶250毫升

糖浆原料

细砂糖30克
樱桃酒1汤匙

装饰配料

糖粉适量
香缇奶油（自选）适量

1 首先制作黄油酱：黄油放入碗中，用木质刮刀按压，使其软化成膏状。

2 将30毫升水倒入小平底锅，加入细砂糖，小火加热至沸腾。继续加热，糖浆冒小泡，温度达到120℃。

3 将1个鸡蛋和1个蛋黄倒入搅拌碗，用电动打蛋器打发至发白起泡。

4 糖浆熬好后，一次性缓缓倒入蛋液中，其间保持打蛋器低速搅拌。搅拌至完全冷却，然后加入化黄油，继续保持低速搅拌。最后加入樱桃酒。

5 开始制作卡仕达酱：蛋黄和细砂糖倒入搅拌碗，一起打发。加入面粉，搅拌均匀。

6 将牛奶加热至沸腾，缓缓倒入打发蛋黄中，并不断搅拌。将蛋奶糊倒入平底锅，小火加热至质地黏稠。关火。

7 轻轻搅拌几下黄油酱，加入一半卡仕达酱，搅拌均匀。另一半卡仕达酱留存备用。

8 开始制作樱桃酒糖浆：将细砂糖、100毫升水和樱桃酒混合均匀。蛋糕坯横向切成两半，用刷子在蛋糕坯表面均匀涂一层糖浆。

9 草莓洗净、去梗。预留少量草莓装饰用。准备一个慕斯圈，放入一片蛋糕坯，切开面朝上。蛋糕坯表面均匀涂一层黄油卡仕达酱。

10 部分草莓对半切开，沿慕斯圈摆放一圈，切开面朝外贴紧慕斯圈侧壁。其余草莓切块，放入慕斯圈，倒入剩余黄油卡仕达酱。

11 最后放入另一片蛋糕坯，切开面朝下。轻轻按压，固定蛋糕坯。表面撒一层糖粉，放草莓装饰。放入冰箱冷藏。食用时取出，脱模。根据自身喜好，可添加香缇奶油装饰，搭配果酱一起享用。

摩卡蛋糕

GÂTEAU MOKA

4人份	准备时间：40分钟	烘烤时间：15～20分钟	冷冻时间：3小时

原料表

法式海绵蛋糕坯原料

鸡蛋2个
细砂糖80克
黄油20克
面粉70克
榛子粉30克

黄油酱原料

化黄油140克
糖粉160克
咖啡香精1咖啡匙

糖浆原料

细砂糖70克
朗姆酒30毫升

装饰配料

去皮榛子碎150克

1 烤箱调至6挡，预热至180℃。按照本书第478页的方法，添加榛子粉，制作海绵蛋糕面团。烤盘涂一层黄油，擀开面团，铺入烤盘。放入烤箱烤12～15分钟。取出后，脱模，将蛋糕坯放在干净的厨房布上。待完全冷却后，再盖一层厨房布，放入冰箱冷藏1小时。

2 开始制作黄油酱：黄油放入搅拌碗，边缓缓加入过筛的糖粉，边用电动搅拌器将黄油打发成奶油状。加入咖啡香精，继续搅打5分钟左右：搅打至奶油呈白色膨松状。

3 开始制作糖浆：细砂糖和500毫升水倒入锅中，加热至沸腾。关火，冷却后加入朗姆酒。

4 榛子倒入烤盘，放入烤箱烤5分钟，然后碾碎。

5 从冰箱取出蛋糕坯，揭掉厨房布。将蛋糕坯切成三个大小相同的长方形蛋糕。黄油酱平均分成5份。用刷子先在第1块蛋糕表面刷一层朗姆糖浆，再用刮刀在蛋糕表面涂1/5黄油酱，最后撒1/4烤榛子碎。接着放第2块蛋糕，按上述方法涂黄油酱，撒榛子碎。第3块蛋糕重复上述方法。

6 用蛋糕刀将蛋糕切成四块。用刮刀将蛋糕侧壁涂一层黄油酱，撒剩余榛子碎。

7 剩余黄油酱倒入裱花袋，配锯齿花嘴，在蛋糕顶部挤出一个个花形。最后将蛋糕放入冰箱冷藏2小时以上。食用前取出即可。

咖啡蛋糕
PROGRÈS AU CAFÉ

| 6～8人份 | 准备时间：45分钟 | 烘烤时间：45分钟 | 冷冻时间：2小时 |

原料表

蛋糕坯原料

榛子粉75克

带皮杏仁粉35克

白杏仁粉40克

糖粉160克

面粉10克

蛋清6个

盐1小撮

黄油和面粉适量（涂抹烤盘）

黄油酱原料

鸡蛋2个+蛋黄2个

细砂糖140克

冻干咖啡粉20克

化黄油250克

装饰配料

杏仁薄片150克

1 首先制作蛋糕糊：榛子粉、两种杏仁粉、糖粉和面粉混合均匀。蛋清加盐，打发至硬性发泡。用刮刀将打发蛋清倒入黄油和面粉混合物，轻轻翻转搅拌。

2 烤箱调至4～5挡，预热至130℃。准备2个烤盘，铺一层烘焙纸。借助圆盘用铅笔在烘焙纸上画出3个直径为22厘米的圆圈。蛋糕糊倒入裱花袋，套上8号圆形裱花嘴。用裱花袋沿圆圈边缘由外而内、绕圈挤出面糊，直到填满整个圆圈。将烤盘放入烤箱烤45分钟。将杏仁薄片一同放入烤箱，烤15分钟后取出杏仁片。从烤箱取出蛋糕坯，待冷却后，撕掉烘焙纸。

3 开始制作黄油酱：鸡蛋和蛋黄倒入搅拌碗，用打蛋器打发。将50毫升水和细砂糖倒入平底锅，小火加热至沸腾。继续加热至糖浆冒小泡，温度达到120℃。关火，将热糖浆缓缓倒入蛋液，并不断搅拌，搅拌至完全冷却。加入冻干咖啡粉。加入化黄油，轻轻搅拌均匀。

4 先用刮刀在第一片蛋糕表面涂一层黄油酱，放第二片蛋糕，继续涂一层黄油酱，最后放第三片蛋糕。表面撒杏仁片装饰。蛋糕放入冰箱冷藏2小时。食用前取出。

黑森林

FORÊT-NOIRE

8人份	准备时间：45分钟	烘烤时间：30分钟	浸渍时间：1小时	冷藏时间：1小时

原料表

酒渍樱桃原料

新鲜樱桃罐头500克
樱桃酒100毫升

蛋糕坯原料

面粉180克
可可粉30克
泡打粉1小袋（约11克）
鸡蛋6个
化黄油100克+25克（涂抹模具）
细砂糖100克
香草精1小袋（约7.5克）

香缇奶油原料

冷藏全脂淡奶油20毫升
香草砂糖2小袋（约14克）

装饰配料

糖渍樱桃适量
黑巧克力碎片适量
（详见本书第52页）

1 樱桃沥干，放入樱桃酒中浸泡。

2 烤箱调至6挡，预热至180℃。开始制作蛋糕坯：面粉、可可粉和泡打粉过筛，混合。蛋黄和蛋清分离。黄油、蛋黄和细砂糖倒入搅拌碗，打发至奶油状。加入过筛的面粉泡打粉混合物，充分搅拌至面糊均匀顺滑。蛋清打发至硬性发泡，用橡皮刮刀将打发蛋清缓缓倒入面糊，轻轻上下搅拌。

3 准备一个活扣活底蛋糕模，用刷子在模内涂一层化黄油，倒入蛋糕糊。放入烤箱烤30分钟。从烤箱取出蛋糕，不脱模，冷却1小时以上。

4 蛋糕脱模，横向切成均匀的三片。除顶部蛋糕片备用，其余两片蛋糕表面均匀涂一层酒渍樱桃（带汁水）。

5 用电动打蛋器开始打发冷藏全脂淡奶油，打发途中加入香草砂糖，一起打发。打发好的香缇奶油留1/4备用，其余奶油均匀涂在两片樱桃蛋糕表面。最后将三片蛋糕重新叠放在一起。

6 剩余1/4香缇奶油倒入裱花袋，在蛋糕表面挤成花形奶油，摆放糖渍樱桃和黑巧克力碎片装饰。将蛋糕放入冰箱冷藏1小时以上，食用前取出即可。

其他配方
也可用新鲜覆盆子和覆盆子利口酒代替樱桃和樱桃酒进行制作。

香草巧克力巴伐露（步骤详解）

BAVAROIS AU CHOCOLAT ET À LA VANILLE

约12个	准备时间：45分钟	烘烤时间：35分钟	冷藏时间：1小时

蛋黄3个

细砂糖75克

牛奶300毫升

香草荚1/2根

冷藏全脂淡奶油
300毫升

可可含量为55%（或以上）的
黑巧克力70克+适量（装饰）

吉利丁3片

1 首先制作英式蛋奶酱：香草荚剖成两半，和牛奶一起放入平底锅，加热至沸腾。关火，将香草荚继续在牛奶中浸泡15～20分钟。

2 蛋黄和细砂糖倒入搅拌碗，充分搅拌。从牛奶中捞出香草荚，用小刀将香草籽刮入牛奶，再次加热至沸腾。

3 缓缓将热牛奶倒入蛋黄，并不断搅拌。搅拌至蛋奶酱开始变稠时，将碗放入盛有冷水的容器中，使蛋奶酱快速冷却，防止蛋黄结块。

4 开始制作巴伐利亚奶油：将吉利丁片放入冷水软化，沥干。

5 将冷却至常温的蛋奶酱均匀倒入两个碗，在其中一个碗中倒入巧克力，轻轻搅拌使巧克力完全化开。

6 将软化的吉利丁片均匀放入两个碗中，搅拌至融化。

7 将淡奶油打发，分别倒入两个碗，搅拌均匀。

8 准备一个直径为22厘米的活底蛋糕模，用刷子在模内涂一层化黄油。倒入巧克力巴伐利亚奶油，用刮刀将表面抹平。放入冰箱冷藏30分钟左右。

9 从冰箱取出模具，倒入另一份巴伐利亚奶油，用刮刀将表面抹平。再次放入冰箱，冷藏4~5小时。

10 从冰箱取出模具，将模具底部放入热水中浸泡几秒钟，脱模，蛋糕放入餐盘。

11 根据自身喜好，用巧克力碎片或蜜饯装饰即可（巧克力碎片的制作方法：将化巧克力液倒在烘焙纸上，放入冰箱冷藏15分钟，取出后掰碎即可）。

巧克力夏洛特

CHARLOTTE AU CHOCOLAT

8人份	准备时间：30分钟	冷冻时间：12小时

原料表

手指饼干24个
红色水果和香缇奶油适量
（搭配用）

糖浆原料
细砂糖100克
可可粉1汤匙（满匙）

奶油原料
可可含量为70%的黑巧克力300克
黄油150克
蛋黄4个
蛋清6个
盐1小撮
细砂糖60克

1 前一晚开始准备，首先制作糖浆：将细砂糖和可可粉倒入小锅，加入200毫升水，边加热边搅拌，沸腾后继续加热搅拌1分钟。熬好的糖浆倒入碗中冷却。

2 准备一个直径为18厘米的夏洛特蛋糕模。将手指饼干快速浸入糖浆，表面裹一层糖浆，依次摆满模具底部和侧壁。将蛋糕模放入冰箱冷藏。

3 开始制作奶油：将黑巧克力和黄油倒入碗中，隔水加热。待巧克力和黄油完全化开，将碗取出，用搅拌器搅拌至温热。依次加入蛋黄，并持续搅拌。

4 蛋清和盐倒入碗中，一起打发。中途缓缓加入细砂糖，打发至硬性发泡。用橡皮刮刀将打发蛋清缓缓倒入蛋黄，轻轻搅拌。

5 从冰箱取出蛋糕模，倒入混合均匀的蛋糕糊。重新放回冰箱，冷藏过夜。

6 第二天，从冰箱取出蛋糕，脱模，放入餐盘，搭配红色水果和香缇奶油食用。

其他配方

可用2滴柠檬香精或香橙精代替制作糖浆的可可粉。

儿童版节日蛋糕

LES GÂTEAUX DE FÊTE POUR LES ENFANTS

巧克力鸟巢小蛋糕

LES NIDS CROUSTILLANTS AU CHOCOLAT

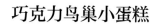

12个
准备时间：30分钟 · 烘烤时间：5分钟 · 冷藏时间：1小时

烘焙黑巧克力200克
黄油80克
细砂糖80克
无糖玉米片200克
多色迷你巧克力豆1袋

1 烘焙黑巧克力和黄油放入碗中，微波炉加热至化开。加入细砂糖，再加入无糖玉米片，充分搅拌均匀。

2 纸杯蛋糕模内放一些烘焙纸折叠的小纸盒。然后将蛋糕糊倒入模具。先用小勺轻轻压实蛋糕糊，再将小勺放在模具中心按压，借助勺背使蛋糕形成鸟巢状。放入冰箱冷藏1小时。

3 食用前，从冰箱取出。放适量多色迷你巧克力豆装饰即可。

金鱼蛋糕
LE POISSON ROUGE EN BOCAL

6～8人/份（小孩）
准备时间：40分钟 · 烘烤时间：40分钟

酸奶蛋糕坯原料

原味酸奶1盒
细砂糖2盒
香草精1小袋
鸡蛋4个
面粉4盒
泡打粉1小袋
葵花子油1/2盒

装饰原料

新鲜奶酪200克
糖粉2汤匙
多色迷你巧克力豆1袋
草莓糖1袋
草莓一箱
巧克力豆1小袋

1 首先制作酸奶蛋糕。烤箱调至6挡，预热至180℃。原味酸奶倒入碗中。酸奶盒洗净、沥干，做量杯。

2 细砂糖和鸡蛋倒入酸奶，混合搅拌均匀。加入过筛的面粉和泡打粉，充分搅拌。加入葵花子油。

3 准备一个圆形活底蛋糕模，用刷子在模内涂一层化黄油。倒入蛋糕糊，放入烤箱烤40分钟。取出后，放至完全冷却。脱模，将蛋糕放入餐盘。

4 接下来给蛋糕做造型。用刀将蛋糕切出一个5厘米的三角形（就像切掉蛋糕的一小部分一样）。将切下来的三角形放在蛋糕另一端，弧形边靠外，就像金鱼的尾巴一样。

5 将新鲜奶酪和糖粉混合均匀，涂在蛋糕表面，用刮刀将表面抹平。

6 摆放红色和粉色巧克力豆，画出金鱼头部轮廓。放一颗草莓糖作为金鱼的眼睛。

7 草莓洗净、去梗，切成片。将草莓片朝着一个方向依次摆放在金鱼的身体部分，作为金鱼的鳞片。每个草莓片之间放一颗粉色巧克力豆。

8 金鱼尾巴部分摆放草莓糖。在金鱼头部前的餐盘上摆放适量巧克力豆，就像金鱼嘴巴里吐出的泡泡一样。

草莓夏洛特

CHARLOTTE AUX FRAISES

| 6-8人份 | 准备时间：35分钟 | 冷冻时间：4小时 |

原料表

草莓500克
吉利丁6片
细砂糖80克
冷藏全脂淡奶油300毫升
手指饼干24根
草莓糖浆100毫升

1 草莓洗净、去梗，铺在吸水纸上沥干。吉利丁片放入冷水浸泡，软化。

2 挑选几个外形较好的草莓作装饰用，其余草莓倒入搅拌机搅拌均匀，搅拌至呈微微颗粒感即可。将软化的吉利丁片取出沥干。将1/4草莓酱和细砂糖倒入小锅，小火加热。细砂糖完全溶化后，加入吉利丁片，搅拌均匀。最后倒入剩余草莓酱，搅拌均匀。

3 将冷藏全脂淡奶油打发，用橡皮刮刀将打发奶油轻轻倒入草莓酱，翻转搅拌均匀。

4 草莓糖浆加100毫升水稀释，放入手指饼干浸泡片刻，使饼干表面裹一层糖浆。依次将糖衣手指饼干放入直径20厘米的夏洛特蛋糕模内，沿侧壁贴紧摆放。倒入蛋糕糊，表面铺一层饼干。放入冰箱冷藏4小时。

5 为方便脱模，从冰箱取出蛋糕模后，置于热水下烫几秒钟，倒扣，将蛋糕放入餐盘。摆放草莓装饰，即可享用。

其他配方

可按同样的方法，用熟透的桃子或杏子代替草莓来制作这款蛋糕。

洋梨夏洛特

CHARLOTTE AUX POIRES

6～8人份 | 准备时间：1小时 | 烘烤时间：30分钟 | 冷冻时间：6～8小时

原料表

吉利丁8片
洋梨白兰地30毫升
全脂淡奶油50毫升
手指饼干24根

洋梨夹心原料

细砂糖500克
梨1.5千克

英式蛋奶酱原料

香草荚1/2根
牛奶500毫升
蛋黄6个
细砂糖60克

1 首先处理梨：将细砂糖和1升水倒入大号平底锅，加热至沸腾。加热过程中，将梨切成两半，削皮，去核。将梨放入煮沸的糖浆中，小火加热，保持微微沸腾，煮10分钟。将梨捞出、沥干备用。糖浆备用。取150克梨打成泥，其余切片。

2 制作英式蛋奶酱（做法详见本书第483页）。将吉利丁片放入冷水浸泡，软化后取出沥干，放入离火但仍温热的英式蛋奶酱中。

3 蛋奶酱放至冷却后，加入洋梨白兰地和梨果泥，轻轻搅拌。加入打发的全脂淡奶油，轻轻翻转搅拌。

4 准备一个直径为20厘米的夏洛特蛋糕模。将手指饼干快速放入糖浆浸泡，表面裹一层糖浆，依次贴紧蛋糕模侧壁摆放。蛋糕模内倒一层蛋奶酱，放一层梨片（留几片装饰用），继续倒一层蛋奶酱。重复上述动作，直到填满蛋糕模。最后铺一层手指饼干。用保鲜膜盖好，放入冰箱冷藏6～8小时。

5 为方便脱模，从冰箱取出后，立刻将蛋糕模底部在热水中浸泡片刻。然后将蛋糕倒扣入餐盘，脱模。摆放梨片装饰，即可享用。

<u>小贴士</u> 若没有当季的梨，可用糖渍梨罐头来代替。

巧克力闪电泡芙

ÉCLAIRS AU CHOCOLAT

约12个	准备时间: 45分钟	烘烤时间: 35分钟	冷藏时间: 1小时

牛奶500毫升

黑巧克力300克

蛋黄6个

细砂糖100克

面粉40克

面粉75克

黄油55克

细砂糖1咖啡匙

全脂鲜牛奶80毫升

鸡蛋2个

盐1咖啡匙

烘焙巧克力100克

糖粉50克

黄油30克

原料表

巧克力酱原料

牛奶500毫升
蛋黄6个
细砂糖100克
面粉40克
黑巧克力300克

泡芙面糊原料

全脂鲜牛奶80毫升
盐1咖啡匙
细砂糖1咖啡匙
黄油55克
面粉75克
鸡蛋2个

淋面原料

烘焙巧克力100克
糖粉50克
黄油30克

装饰配料

水果干适量

1 首先制作巧克力酱。牛奶倒入平底锅，加热至沸腾。

2 蛋黄倒入碗中，和细砂糖一起搅拌均匀。

3 倒入面粉，搅拌至均匀顺滑。

4 边搅拌边将沸牛奶缓缓倒入蛋黄糊。

5 将蛋奶糊重新倒回平底锅，小火加热并持续搅拌，使蛋奶糊质地变黏稠。加热至开始冒泡时，关火，移开平底锅。

6 将擦成大片的黑巧克力分3～4次倒入蛋奶糊，轻轻搅拌。

7 开始制作泡芙面糊。将60毫升水和全脂鲜牛奶倒入平底锅。加入盐、细砂糖和黄油。加热并搅拌，煮至沸腾。

8 关火，移开平底锅。一次性加入面粉，用刮刀绕圈搅拌，搅拌至面糊均匀顺滑。

9 搅拌至面糊开始粘壁时，继续搅拌2～3分钟。

10 将搅拌均匀的面糊倒入大碗，依次加入鸡蛋。每加一次，搅拌均匀后再加下一个鸡蛋，直到完成搅拌。烤箱调至6～7挡，预热至190℃。

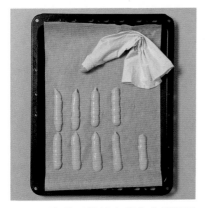

11 泡芙面糊倒入套有大号圆形裱花嘴的裱花袋中。准备一个烤盘，铺一层烘焙纸。用裱花袋将面糊挤成12厘米的长条。

12 放入烤箱烤20分钟，烤至7分熟时，将烤箱门半开。从烤箱取出后，置于烤架冷却。

13 开始制作巧克力淋面酱。烘焙巧克力隔水加热至化开。尽量使用大一点的容器，方便随后放入泡芙条。

14 加入糖粉，快速搅拌。

15 加入黄油，用刮刀搅拌至均匀顺滑。

16 用小号圆形裱花嘴（或使用其他工具）在每根泡芙条上戳三个洞。

17 将部分巧克力酱倒入裱花袋，套上小号圆形裱嘴，从泡芙条的三个小洞挤入巧克力酱。注意过程中不要弄断泡芙条。

18 最后用小刀抹掉洞口外围多余的巧克力酱。

19 依次将泡芙条放入巧克力酱中，一面沾满巧克力酱后，翻转另一面。最后在闪电泡芙表面撒适量水果干。放入冰箱冷藏1小时，表面巧克力酱凝固、定形即可。

朗姆巴巴蛋糕

BABAS AU RHUM INDIVIDUELS

6人份　｜　准备时间：45分钟　｜　醒发时间：30分钟　｜　烘烤时间：25～30分钟

原料表

酵母原料

面包专用发酵粉5克

蛋糕坯原料

黄油50克

面粉125克

盐1小撮

细砂糖120克

鸡蛋2个

糖浆原料

香草荚1根

细砂糖250克

朗姆酒100毫升

搭配小料

香缇奶油适量

1 首先制作酵母：将面包专用发酵粉倒入碗中，加1汤匙温水搅匀。静置备用。

2 酵母发酵期间，开始制作蛋糕坯：黄油加热至化开，冷却至常温备用。面粉过筛至搅拌碗，加入盐、细砂糖和1个鸡蛋，用木勺搅拌均匀。加入酵母，搅拌均匀。再加入1个鸡蛋。充分搅拌，开始揉面，揉至面团变得柔软有弹性。加入化黄油，再次揉面。

3 准备6个单个的巴巴蛋糕模，用刷子在模内涂一层黄油。面团均匀放入6个蛋糕模，至3/4处。用保鲜膜封口，放至温暖处醒发30分钟。

4 烤箱调至6～7挡，预热至200℃。面团醒发后，撕下保鲜膜，放入烤箱烤15～20分钟。

5 蛋糕坯烘烤期间，开始制作糖浆：香草荚剖成两半。将细砂糖和500毫升水倒入深口平底锅，小火加热至细砂糖完全溶化。加入香草荚，加热至沸腾后，继续煮几分钟，然后关火。

6 从烤箱取出蛋糕坯，趁热脱模，放至烤架冷却。待蛋糕坯完全冷却后，放入温热糖浆中浸泡，表面均匀裹一层糖浆。置于烤架沥干。沥干后，依次放入6个甜品碟。

7 食用前，将朗姆酒和剩余100毫升糖浆混合均匀，浇在蛋糕上。搭配香缇奶油即可享用。

其他配方

可用1/2水和1/2橙汁来熬制糖浆，用柑曼怡力娇酒（Grand Marnier）代替朗姆酒。

创意蛋糕
GÂTEAUX SURPRISES

有时候并非只有耗费大量时间准备过于复杂的甜品才能给客人留下深刻的印象。通过一些小技巧和手法，对蛋糕进行创意制作或重塑同样能引起轰动。

蓝莓奶酪斑马蛋糕
GÂTEAU ZÉBRÉ AUX MYRTILLES ET AU FROMAGE BLANC

8人份
准备时间：30分钟·烘烤时间：40分钟

· 常温鸡蛋（大个）4个　　· 细砂糖200克
· 全脂淡奶油120毫升　　· 面粉210克·泡打粉1/2小袋
· 半盐化黄油120克　　· 蓝莓250克
· 白奶酪100克

1 烤箱调至5~6挡，预热至170℃。准备一个直径为25厘米的圆形蛋糕模，先用刷子在模内涂一层黄油，再撒一层面粉。

2 鸡蛋和细砂糖倒入搅拌碗，用电动打蛋器打发至体积增大一倍。加入全脂淡奶油，搅拌均匀。加入过筛的面粉和泡打粉，充分搅拌。最后加入半盐化黄油，搅拌至面糊均匀顺滑。

3 蓝莓洗净、沥干。将蓝莓打成蓝莓酱，然后过滤。蛋糕糊均匀分成两份，一份与蓝莓酱混合，另一份与白奶酪混合。

4 先将3汤匙奶酪蛋糕糊缓缓倒在模具正中心，使蛋糕糊自然扩散成直径8厘米左右的圆形。接着用同样的方式倒入3汤匙蓝莓蛋糕糊，同样使其自然扩散。按照相同的方式，交替倒完两种蛋糕糊。

5 放入烤箱烤40分钟。烤至时间过半时，将一层铝箔纸盖在蛋糕模上，防止蛋糕表面颜色烤至过深或烤焦。从烤箱取出蛋糕，微微冷却后脱模。

小贴士 注意倒入蛋糕糊时，要尽量倒在最中心，并且尽量使蛋糕糊形成圆形。必要时，可以适当倾斜模具，调整蛋糕糊展开的方向和形状。

榛子小花蛋糕
CAKE SURPRISE À LA PÂTE À TARTINER

> 8人份
> 准备时间：40分钟·烘烤时间：1小时5分钟

常温鸡蛋（大个）6个
细砂糖280克
香草精20克
全脂淡奶油180毫升
面粉315克
泡打粉1咖啡匙
半盐化黄油180克
榛子酱150克

1 烤箱调至5～6挡，预热至160℃。烤盘铺一层烘焙纸。

2 鸡蛋和细砂糖倒入搅拌碗，用电动打蛋器打发。加入全脂淡奶油，再次搅拌。加入过筛面粉和泡打粉，搅拌均匀。最后加入半盐化黄油，搅拌至面糊均匀顺滑。

3 将一半面糊和榛子酱混合，缓缓倒入烤盘，用刮刀将表面抹平。轻轻拍打烤盘，震荡出小气泡。放入烤箱烤15分钟。从烤箱取出，微微冷却后，用压花器压成小花形蛋糕片。

4 准备一个24～26厘米的长条蛋糕模，用刷子在模内涂一层化黄油，再撒一层面粉。剩余一半面糊和香草精混合。先将1/4香草面糊倒入蛋糕模，再将小花蛋糕片依次竖放在蛋糕模内，贴紧摆放成一排。倒入剩余香草面糊，至模具2/3处即可。

5 用刮刀将蛋糕糊表面抹平。烤箱调至5～6挡，温度为170℃。放入烤箱烤50分钟。从烤箱取出，微微冷却后脱模。

杏仁奶油国王饼

GALETTE DES ROIS À LA FRANGIPANE

6人份 | 准备时间：20分钟 | 冷藏时间：30小时 | 烘烤时间：40分钟

原料表

纯黄油酥皮面团600克
鸡蛋1个
蚕豆1个

杏仁奶油酱原料

化黄油80克
糖粉80克
鸡蛋（小）1个
杏仁粉80克

1 首先制作杏仁奶油酱：化黄油、糖粉和鸡蛋倒入搅拌碗，打发至呈慕斯状。加入杏仁粉，轻轻搅拌。

2 酥皮面团平均分成两份，擀成两张2.5厘米左右厚的圆饼。烤盘内铺一层烘焙纸，放入其中一张酥皮。

3 鸡蛋打散。用刷子在烤盘内酥皮边缘刷一层蛋液。杏仁奶油酱均匀涂在酥皮表面，注意避开涂有蛋液的部分。在距离边缘几厘米处将蚕豆藏入奶油。盖上另一张酥皮，轻轻将两张酥皮的边缘捏紧。用刀轻轻在酥皮表面划出纹路，注意不要划破酥皮。放入冰箱冷藏30分钟。

4 烤箱调至8～9挡，预热至250℃。用刷子将剩余蛋液涂在酥皮表面。将烤箱调至6～7挡，200℃，放入烤箱烤40分钟。从烤箱取出后微微冷却，趁热享用口感最佳。

<u>小贴士</u>　不要使用预先擀好的半成品酥皮，因为厚度不够。可购买纯黄油制作的速冻酥皮面团（前一晚放入冷藏解冻）或新鲜酥皮面团。

其他配方

可将100克化巧克力和50毫升全脂淡奶油混合，加入杏仁奶油酱中。

波尔多国王布里欧修
BRIOCHE DES ROIS BORDELAISE

1个（大） | 准备时间：30分钟 | 醒发时间：3小时 | 烘烤时间：25分钟

原料表

半盐黄油40克

新鲜面包专用酵母20克

常温牛奶80毫升

面粉260克

细砂糖50克

橙皮1个橙子

盐1/2咖啡匙

鸡蛋1个

自选糖渍水果150克

蛋黄1个（涂抹表面）

细砂糖适量

1 黄油加热至化开。将新鲜面包专用酵母倒入牛奶中，浸泡15分钟至完全溶解。面粉、细砂糖、橙皮和盐倒入搅拌碗，搅拌混合。加入鸡蛋，再加入化黄油，快速搅拌。最后加入牛奶，揉成光滑的面团。

2 将面团放在撒有面粉的案板上继续揉5分钟（若面团太黏手，可加入适当面粉）。将揉好的面团重新放回搅拌碗，盖上布，放至温暖处醒发2小时。

3 面团醒发至体积增大一倍时，再次放回案板，加入糖渍水果（留小部分用于装饰），快速揉面（面团体积回缩属于正常现象）。将面团揉成圆球状，放入铺有烘焙纸的烤盘。用手指在面团中心戳个洞，然后慢慢将洞扩大，最终使面团形成圆环状。

4 蛋黄加几滴冷水稀释搅匀，用刷子在面团表面刷一层蛋黄液。将面团再次放至温暖处醒发1小时。醒发过程中面团会再次膨胀，因此面团中间的洞口需要略大一些。

5 1小时后，将烤箱调至5～6挡，预热至170℃。用刷子在面团表面再刷一层蛋黄液，撒适量细砂糖。放入烤箱烤20～25分钟，烤至表面呈金黄色。从烤箱取出面包，用剩余糖渍水果装饰。面包微微冷却或完全冷却均可享用。

巧克力果仁树桩蛋糕

BÛCHE MOULÉE AU CHOCOLAT ET AU PRALINÉ

8人份	准备时间：45分钟	烘烤时间：10分钟	冷藏时间：2小时30分钟

原料表

糖衣果仁碎60克

达克瓦兹原料

糖粉85克

榛子粉90克

蛋清3个

细砂糖30克

巧克力慕斯原料

吉利丁1片

黑巧克力200克

冷藏全脂淡奶油350毫升

果仁慕斯原料

果仁糖170克

半盐黄油30克

冷藏全脂淡奶油200毫升

糖衣果仁碎2汤匙

1 烤箱调至6挡，预热至180℃。开始制作达克瓦兹面糊：糖粉和榛子粉混合过筛。蛋清打发至干性发泡。加入糖粉，再次搅打。将打发蛋清缓缓倒入榛子粉，轻轻搅拌。

2 烤盘内铺一层烘焙纸。将达克瓦兹面糊倒入裱花袋，用小号圆嘴将面糊在烘焙纸上挤成30厘米的长条（也就是与树桩蛋糕模的长度一致）。放入烤箱烤10分钟。从烤箱取出后，冷却备用。

3 开始制作巧克力慕斯：吉利丁片浸入冷水软化。黑巧克力隔水加热至化开。将50毫升冷藏全脂淡奶油倒入小锅加热。关火，加入软化沥干的吉利丁片。再加入化巧克力中，搅拌至均匀顺滑。将剩余冷藏全脂淡奶油打发，缓缓倒入巧克力酱，轻轻翻转搅拌。

4 先将巧克力慕斯倒入树桩蛋糕模，再倒入一半果仁碎。放入冰箱冷藏30分钟。

5 开始制作果仁慕斯：果仁糖隔水加热至化开，加入半盐黄油。冷藏全脂淡奶油打发，缓缓倒入果仁酱中，轻轻翻转搅拌。从冰箱取出蛋糕模，先倒入果仁慕斯，再放入达克瓦兹。将蛋糕模再次放入冰箱冷藏2小时。食用前从冰箱取出，脱模。表面撒一层糖衣果仁碎即可。

水果千层酥

MILLE-FEUILLES AUX FRUITS ROUGES

6人份	准备时间：35分钟（不含酥皮）	烘烤时间：40分钟

糖粉30克

面粉35克

蛋黄3个

细砂糖50克

纯黄油酥皮面团
（新鲜或速冻均可）
约400克

冷藏全脂淡奶油
250毫升

牛奶250毫升

香草精
1小袋

自选红色水果
500克

红色水果果冻100克

原料表

纯黄油酥皮面团（新鲜或速冻均可）约400克

糖粉30克

自选红色水果500克

冷藏全脂淡奶油250毫升

红色水果果冻100克

卡仕达酱原料

蛋黄3个

细砂糖50克

香草精1小袋

面粉35克

牛奶250毫升

装饰配料

糖粉

1 首先制作卡仕达酱：蛋黄和细砂糖倒入碗中搅拌，然后加入面粉，再次搅拌。牛奶加热至沸腾，缓缓倒入面糊，持续搅拌。

2 将蛋奶倒入平底锅，边小火加热边用打蛋器搅拌，约5分钟。关火，将制作好的卡仕达酱倒回碗中。

3 烤箱调至7挡，预热至210℃。纯黄油酥皮面团擀开，擀成3毫米厚的长方形面皮。放入烤盘，放入烤箱烘烤。

4 烤至10分钟时，将烤箱温度调至6挡、180℃。从烤箱取出烤盘，在酥皮表面撒一层糖粉，铺一张烘焙纸，加盖一个烤盘，防止酥皮在烘烤过程中膨胀。重新放回烤箱，继续烤20～25分钟。

5 从烤箱取出酥皮，冷却。找一个长方形或正方形参照物，按参照物大小用面包刀将烤好的酥皮切成同样大小的三份。

6 红色水果洗净、拣好。若需要，洗净后用吸水纸吸干表面多余水。

7 将全脂冷藏淡奶油打发。

8 将打发奶油缓缓倒入卡仕达酱，轻轻翻转搅拌。放入冰箱冷藏。

9 食用前，开始进行最后的步骤：将一片酥皮放在案板上，先涂一层红色水果果冻，再涂一半卡仕达酱，最后铺一半水果。

10 重复上述步骤，最后放第三张酥皮。

11 用糖粉和水果装饰，搭配红色果酱（详见本书第488页）即可享用。

李子干外交官蛋糕

DIPLOMATE AUX PRUNEAUX

6~8人份	准备时间：30分钟	浸渍时间：2小时	烘烤时间：5分钟	冷藏时间：6小时

原料表

调味茶（伯爵茶最佳）250毫升
去核李子干300克
白兰地（或阿马尼亚克烧酒）
30毫升
意式手指饼干20根（或法式指状
饼干28根）

卡仕达酱原料

蛋黄4个
细砂糖70克
面粉50克
牛奶350毫升

1 李子干倒入伯爵茶中，加入白兰地，浸泡2小时。

2 开始制作卡仕达酱：将蛋黄和细砂糖倒入搅拌碗，打发至发白起泡，然后一次性加入面粉。将牛奶倒入深口平底锅，加热至沸腾。将沸牛奶缓缓倒入面糊，并持续搅拌至蛋奶糊均匀顺滑。蛋奶糊重新倒回平底锅，边小火加热边搅拌，直到开始冒泡。关火，倒回搅拌碗冷却。

3 捞出去核李子干、沥干，将剩余伯爵茶倒入深口餐盘。将1/4意式手指饼干依次放入伯爵茶浸泡片刻，然后铺在蛋糕模（也可用多个独立小蛋糕模）底部。接着将1/3卡仕达酱和1/3李子干依次倒入蛋糕模。重复两次上述步骤，最后铺一层意式手指饼干。

4 盖保鲜膜，将蛋糕放入冰箱冷藏6小时。食用时取出，脱模，即可享用。

其他配方

用杏干和意大利苦杏酒来制作这款蛋糕同样美味。

法式萨瓦兰蛋糕

SAVARIN AUX FRUITS ROUGES ET À LA CHANTILLY

4~6人份 | 准备时间: 25分钟 | 醒发时间: 30分钟 | 烘烤时间: 20~25分钟

原料表

蛋糕坯原料

面包专用酵母
15克
T45面粉160克
香草精
1/2咖啡匙
洋槐蜂蜜1汤匙
盐1咖啡匙
柠檬皮丝1/4个
鸡蛋5个
常温黄油60克

糖浆原料

细砂糖150克
香草荚1根

朗姆酒10毫升

香缇奶油原料

冷藏全脂淡奶
油250毫升
糖粉15克
香草砂糖1小袋

夹心原料

草莓200克
细砂糖20克
柠檬汁
1/2个柠檬
覆盆子250克
红醋栗125克

1 首先制作蛋糕坯: 面包专用酵母倒入碗中碾碎。加入T45面粉、香草精、洋槐蜂蜜、盐、柠檬皮丝和1个鸡蛋。用木勺搅拌均匀, 然后依次加入剩余鸡蛋, 每加入一个搅拌一次。搅拌至蛋糕糊开始粘壁。加入常温黄油, 继续搅拌, 直到蛋糕糊变得黏稠顺滑。准备一个直径20~22厘米的萨瓦兰蛋糕模, 用刷子在模内涂一层黄油, 然后倒入蛋糕糊。放至温暖处醒发30分钟。

2 烤箱调至6~7挡, 预热至200℃。放入烤箱烤20~25分钟。从烤箱取出, 脱模, 置于烤架冷却。冷却后的蛋糕坯放入深口餐盘。

3 开始制作糖浆: 香草荚剖成两半, 去籽。细砂糖、150毫升水和香草荚倒入平底锅加热, 沸腾后继续煮2分钟。关火, 糖浆冷却至温热时, 浇在蛋糕坯上。待蛋糕再次冷却, 浇上朗姆酒。

4 制作香缇奶油: 边缓缓加入糖粉和香草砂糖, 边打发冷藏全脂淡奶油, 打发成香缇奶油。

5 制作夹心原料: 草莓洗净、去梗。将草莓、细砂糖、柠檬汁倒入搅拌机, 加少量冷水一起搅拌成草莓酱。覆盆子和红醋栗洗净备用。

6 食用前, 将香缇奶油和水果轻轻混合, 倒在蛋糕顶部。直接添加适量草莓酱或单独盛放搭配均可。

覆盆子巴甫洛娃蛋糕

PVLOVA AUX FRAMBOISES

4人份 | 准备时间：20分钟 | 烘烤时间：1小时

原料表

覆盆子400克

烤蛋清原料

蛋清3个

盐1小撮

细砂糖120克

玉米淀粉1咖啡匙

覆盆子果醋1咖啡匙

1 覆盆子洗净、沥干，放入冰箱冷藏。

2 烤箱调至5挡，预热至150℃。烤盘铺一张烘焙纸。开始制作烤蛋清：蛋清加1小撮盐，打发至硬性发泡。加入细砂糖、玉米淀粉和覆盆子果醋，继续搅打30秒。

3 用刷子蘸水轻轻将烘焙纸打湿。分批将打发蛋清倒在烘焙纸上，形成直径4～5厘米的圆形。勺背蘸适量水，用勺背轻压蛋清。放入烤箱烤1小时。

4 从烤箱取出蛋清，放至温热。倒置，揭掉烘焙纸，放至烤蛋清完全冷却。

5 食用前，将烤蛋清放入餐盘。将覆盆子放入烤蛋清凹陷处即可。

蒙布朗

MONT-BLANC

4人份	准备时间：1小时	烘烤时间：1小时

原料表

烤蛋清原料

蛋清2个

细砂糖120克

栗子奶油原料

化黄油40克

栗子酱200克

纯栗子泥150克

朗姆酒50毫升

香缇奶油原料

冷藏全脂淡奶油200毫升

香草砂糖1小袋

装饰配料

速冻板栗碎适量

糖粉适量

1 烤箱调至3~4挡，预热至100℃。开始制作烤蛋清：将蛋清倒入搅拌碗，边缓缓加入细砂糖边打发，打发至硬性发泡，提起蛋清形成小弯钩。将打发蛋清倒入裱花袋，套上直径为1厘米的圆形裱花嘴。

2 烤盘铺一张烘焙纸，用裱花袋由外向内螺旋状画出4个直径为8厘米的蛋清圆饼。放入烤箱烤1小时，烤的过程中可将烤箱门保持半开。

3 开始制作栗子黄油酱：化黄油和栗子酱倒入搅拌碗，用打蛋器搅拌均匀。加入纯栗子泥，继续搅拌。加入朗姆酒，搅拌至均匀顺滑。将栗子黄油酱倒入裱花袋，配最小号圆形裱花嘴。

4 制作香缇奶油：用电动打蛋器搅打冷藏全脂淡奶油，中途加入香草砂糖一起打发成香缇奶油。

5 从烤箱取出烤蛋清，揭掉烘焙纸。先舀一勺香缇奶油，倒在烤蛋清顶部。再用裱花袋将栗子黄油酱螺旋状画圈叠加，挤在奶油上。最后放适量速冻板栗碎，撒上糖粉即可享用。

其他配方

可用栗子利口酒代替朗姆酒。

覆盆子舒芙蕾

SOUFFLÉ À LA FRAMBOISE

| 4人份 | 准备时间：20分钟 | 烘烤时间：35分钟 |

原料表

覆盆子180克
细砂糖230克
鸡蛋4个+蛋清2个
牛奶500毫升
面粉60克
盐1小撮

1 准备1个直径为20厘米左右的蛋糕模（或4个单独的舒芙蕾蛋糕模），用刷子在模内涂一层黄油，再均匀撒一层细砂糖。将蛋糕模放入冰箱冷藏备用。

2 覆盆子和20克细砂糖倒入容器，浸渍10分钟。蛋清和蛋黄分离，分别倒入碗中备用。

3 牛奶倒入平底锅，加热至沸腾。蛋黄内加入150克细砂糖，打发至发白起泡。加入面粉，搅拌均匀。缓缓倒入热牛奶，持续搅拌。将蛋奶糊重新倒回平底锅，中火加热4～5分钟，其间持续搅拌。关火，加入覆盆子，轻轻搅拌。

4 烤箱调至6～7挡，预热至200℃。蛋清加盐，打发至泡沫状。当蛋清呈现泡沫状时，一次性加入剩余细砂糖，继续搅打2分钟，直到蛋清呈慕斯状。用刮刀将打发蛋清倒入覆盆子蛋奶酱中，轻轻翻转搅拌。

5 从冰箱取出模具。将蛋糕糊倒入模具，至3/4处即可。放入烤箱烤30分钟，其间不要打开烤箱门。从烤箱取出舒芙蕾，即刻享用口感最佳。

其他配方

可用草莓代替覆盆子，口味更加突出。挑选草莓时，尽量选择略微有点硬、尚未发软的草莓。

利口酒舒芙蕾

SOUFFLÉ À LA LIQUEUR GRAND MARNIER

6人份	准备时间：15分钟	烘烤时间：12分钟

原料表

黄油70克

面粉50克

牛奶250毫升

鸡蛋3个

柑曼怡香橙利口酒1小杯（30毫升）

细砂糖60克

香草砂糖1小袋

1 黄油倒入大号平底锅，加热至化开。牛奶倒入小锅，加热至沸腾。当黄油加热至开始冒泡时，加入面粉，用打蛋器搅拌。一次性加入沸牛奶，再次加热至沸腾。调至小火，继续煮5分钟，其间不断搅拌，使面糊变得黏稠。

2 蛋黄和蛋清分离。关火，将蛋黄和柑曼怡香橙利口酒倒入平底锅，轻轻搅拌。

3 烤箱调至6～7挡，预热至200℃。将蛋清打发至泡沫状，搅打期间缓缓加入两种砂糖，继续打发蛋清至顺滑的慕斯状。用橡皮刮刀将打发蛋清倒入面糊，轻轻翻转搅拌。

4 准备几个小模具，先用刷子在模内涂一层化黄油，再均匀撒一层细砂糖。将蛋糕糊均匀倒入模具，放入烤箱烤12分钟。从烤箱取出后，即刻享用口感最佳。

其他配方

可用一个直径18厘米左右的舒芙蕾蛋糕模，先用刷子在模内涂一层黄油，再撒一层面粉。倒入蛋糕糊，
放入烤箱烤20分钟即可。

巧克力舒芙蕾（步骤详解）

SOUFFLÉ AU CHOCOLAT

6人份	准备时间: 20分钟	烘烤时间: 30分钟

黄油（涂抹模具）25克

可可粉1汤匙

可可含量为70%的
黑巧克力150克

玉米淀粉15克

细砂糖50克

鸡蛋5个

1 黑巧克力切成小块。

2 将蛋黄和蛋清分离。

3 巧克力块倒入小平底锅，隔水加热至化开，其间搅拌几次。

4 移开小平底锅，冷却至温热。依次加入蛋黄，每加入一个蛋黄，搅拌一次。

5 一次性加入玉米淀粉，快速搅拌。

6 烤箱调至6~7挡，预热至200℃。准备一个大号舒芙蕾蛋糕模，用刷子在模内涂一层化黄油。

7 蛋清和盐一起打发至泡沫状，加入细砂糖继续打发至慕斯状。

8 将2汤匙打发蛋清倒入巧克力糊，快速搅拌均匀。

9 将剩余打发蛋清倒入巧克力糊，用刮刀轻轻翻转搅拌。

10 将蛋糕糊倒入模具，放入烤箱烤25分钟。检查烘烤程度：将刀尖插入蛋糕再拔出，刀尖应是湿润的。

11 可可粉筛至蛋糕表面，即刻享用，口感最佳。

饼干、小蛋糕
BISCUITS&PETITS GÂTEAUX

开心果杏仁蜂蜜小蛋糕

CAKES À LA PISTACHE, AU MIEL ET AUX AMANDES

8~10个

准备时间：15分钟

烘烤时间：20分钟

原料表

有盐黄油50克
去壳开心果50克
鸡蛋2个
细红糖50克
发酵奶（或液体酸奶）100毫升
T110全麦粉（或栗子粉）150克
泡打粉2汤匙
液体板栗蜂蜜2汤匙
盐1小撮
杏仁粉50克

1 烤箱调至6挡，预热至180℃。有盐黄油放入小平底锅，中火加热至化开。去壳开心果倒入搅拌机，打成粉。

2 鸡蛋、细红糖、有盐化黄油、发酵奶、过筛后的T110全麦面粉和泡打粉倒入搅拌碗，搅拌均匀。

3 加入液体板栗蜂蜜，再加入盐、杏仁粉和开心果粉，快速搅拌均匀。

4 用刷子在小蛋糕模内涂一层化黄油，再均匀撒一层T110面粉（若使用硅胶蛋糕模，则省略这一步骤）。将蛋糕糊倒入蛋糕模，放入烤箱烤20分钟即可。

巧克力玛芬

MUFFINS DOUBLE CHOCOLAT

| 8～10个 | 准备时间：10分钟 | 烘烤时间：12分钟 |

原料表

化黄油85克
细砂糖125克
鸡蛋1个
牛奶170毫升
面粉200克
可可粉1汤匙
泡打粉1/2小袋
盐1小撮
黑巧克力薄片（或巧克力碎）
100克

1 烤箱调至6挡，预热至180℃。化黄油倒入搅拌碗，加入细砂糖，打发至发白起泡。加入鸡蛋和牛奶，搅拌均匀。

2 面粉、可可粉和泡打粉过筛，加盐，搅拌均匀。将面粉混合物和黑巧克力薄片倒入蛋奶液，搅拌均匀。

3 将几个油纸杯模放入联排玛芬蛋糕模，依次倒入蛋糕糊。放入烤箱烤12分钟。从烤箱取出后，微微冷却享用最佳。

蓝莓柠檬玛芬

MUFFINS AUX MYRTILLES ET AU CITRON

| 10～12个 | 准备时间：20分钟 | 烘烤时间：20分钟 |

原料表

面粉260克
泡打粉1小袋
小苏打（自选）1/2咖啡匙
盐1小撮
牛奶200毫升
鸡蛋2个
细砂糖120克
化黄油125克+40克（涂抹模具）
香草精1咖啡匙
柠檬皮（1个柠檬）
蓝莓150克

1 烤箱调至6挡，预热至180℃。面粉倒入搅拌碗，加入泡打粉、小苏打和盐，搅拌均匀。牛奶加热至温热。

2 鸡蛋和细砂糖倒入另一搅拌碗，打发至发白起泡，加入化黄油、香草精和柠檬皮。蛋液倒入面粉，边搅拌边缓缓加入温牛奶。注意不要过度搅拌。最后一次性加入蓝莓。

3 用刷子在蛋糕模内涂一层黄油（若用硅胶蛋糕模，则省略这一步骤）。将蛋糕糊倒入模具，放入烤箱烤20分钟。其间注意观察蛋糕烘烤程度：蛋糕体积膨胀、表面烤至金黄。

香橙巧克力小圆饼

PALETS AU CHOCOLAT ET À L'ORANGE

50个

准备时间：15分钟

烘烤时间：10~15分钟（每炉）

原料表

面粉170克
泡打粉1/2咖啡匙
化黄油85克
糖粉85克
鸡蛋1个+蛋清1个
橙皮（1/2个橙子）
可可含量为70%的黑巧克力85克

1 烤箱调至6~7挡，预热至190℃。面粉和泡打粉过筛。化黄油和糖粉倒入搅拌碗，打发至慕斯状。加入1个全蛋液、1个蛋清和橙皮。最后加入面粉和泡打粉，轻轻翻转搅拌。

2 黑巧克力切碎，倒入平底锅，隔水加热至化开。将化巧克力倒入面糊，轻轻搅拌。最后将巧克力蛋糕糊倒入套有10号圆形裱花嘴的裱花袋中。

3 烤盘铺一张烘焙纸。用裱花袋在烘焙纸上挤出均匀的小圆形。放入烤箱烤10~15分钟。从烤箱取出后，将小圆饼置于烤架上冷却。

儿童甜点

LE GOÛTER DES ENFANTS

周末、周三下午、假期……无论是哪天，都是适合与孩子一起制作、分享甜品的好时机。而美食、愉悦、融洽则是这些美好时刻的关键词！

巧克力可丽饼
CRÊPE AU CHOCOLAT

> 6个/份
> 准备时间：10分钟·烘烤时间：30分钟·醒发时间：1小时

- 面粉250克
- 牛奶500毫升
- 植物油3汤匙
- 黑巧克力100克
- 可可粉50克
- 鸡蛋3个
- 细砂糖20克

1 面粉和可可粉倒入搅拌碗，用手指在面粉中心挖个洞，缓缓倒入牛奶。用刮刀将面粉由外向中心搅拌，直到搅拌均匀，注意不能有结块。加入蛋液，再次搅拌均匀。最后加入植物油和细砂糖，搅拌均匀。面糊静置醒发1小时以上。

2 巧克力隔水加热至化开，备用。准备一个不粘平底煎锅，锅烧热后，用勺子舀取面糊倒入平底锅，摊平。可丽饼每面煎几分钟即可。盛出可丽饼，表面浇适量巧克力酱，即可享用。

法式煎吐司条
FRITES DE PAIN PERDU

> 4个/份
> 准备时间：15分钟·烘烤时间：2分钟

· 放硬的乡村吐司5片　　　· 鸡蛋2个
· 牛奶200毫升　　　　　　· 细砂糖3汤匙
· 黄油适量　　　　　　　　· 糖粉适量

1 吐司片切成粗条。蛋液、牛奶和2汤匙细砂糖倒入深口餐盘，混合均匀。

2 平底锅放入一块黄油，加热化开至起泡。先将吐司条放入餐盘的蛋液浸渍，然后放入平底锅，煎至四面金黄即可。

3 将煎好的吐司条摆放入餐盘，撒上糖粉，即可享用。

榛子巧克力吐司酱
PÂTE À TARTINER CHOCO-NOISETTES

> 1罐
> 准备时间：20分钟·烘烤时间：5分钟

· 黑巧克力200克　　　· 半盐黄油125克
· 含糖炼乳400克　　　· 纯榛子泥3汤匙
· 榛子油2咖啡匙　　　· 榛子碎50克

1 黑巧克力和半盐黄油切块，倒入小锅，隔水加热至化开。

2 含糖炼乳、纯榛子泥和榛子油倒入搅拌碗，混合均匀。加入化开的巧克力黄油，充分搅拌至顺滑、有光泽。

3 最后将制作好的榛子巧克力酱倒入食品储存罐，开盖放至完全冷却。

水果系列甜点
DU CÔTÉ DES FRUITS

对于那些特别喜欢吃糖的小孩来说，水果系列甜点无疑是最好的代替品。

· **水果串**：根据时令季节和自身喜好挑选多种水果，可串成串，搭配巧克力酱或自制香缇奶油，便大功告成啦！

· **"西瓜比萨"**：先切一片圆形厚西瓜片，放入餐盘。在西瓜圆片上摆放香蕉片、菠萝片、蓝莓、草莓片、椰子碎……最后切成块，即可享用。

坚果拼盘巧克力

MENDIANTS AUX FRUITS SECS

20块

准备时间：10分钟

烘烤时间：5分钟

原料表

黑巧克力（或牛奶巧克力）200克
烤榛子（或烤杏仁、烤松子）20个
原味开心果20个
葡萄干（大粒）20粒
糖渍橙条10根

1 黑巧克力掰成块，放入小锅，隔水加热至化开。用刮刀将巧克力酱搅拌至顺滑（无颗粒感）。

2 烤盘内铺一张烘焙纸。用勺子舀取巧克力酱，依次倒在烘焙纸上，然后用勺背轻轻压扁。

3 每做好5个巧克力块后，就在每个巧克力块上放1个榛子、1个原味开心果、1粒葡萄干和1/2根橙条。重复上述动作，直到用完巧克力酱。巧克力块置于室温（18℃左右）下冷却定形。定形后用刮刀将巧克力块与烘焙纸分离即可。

小贴士 制作过程中使用食品温度计来实时检测温度，更易于制作出色泽更加明亮、口感更加酥脆的巧克力块：黑巧克力化开时，温度应达到50℃左右。接着将巧克力酱隔冷水冷却至29℃，再次隔热水加热至31℃。最后开始进行后续步骤，完成制作。

开心果覆盆子费南雪

FINANCIERS AUX FRAMBOISES ET ÉCLATS DE PISTACHES

15块 | 准备时间：15分钟 | 烘烤时间：15~20分钟

原料表

新鲜覆盆子140克
开心果碎80克
黄油100克
面粉50克
杏仁粉50克
细砂糖150克
香草粉1汤匙
盐1小撮
蛋清4个

1 烤箱调至6挡，预热至180℃。黄油倒入平底锅，加热至化开。

2 面粉过筛至搅拌碗，加入杏仁粉、细砂糖、香草粉和盐，搅拌均匀。加入蛋清，用打蛋器搅拌至无颗粒状。加入化黄油和开心果碎，再次搅拌均匀。用刷子在费南雪模具内涂一层化黄油，将蛋糕糊倒入至模具3/4处。

3 放入适量新鲜覆盆子，轻轻按压使覆盆子部分塞入蛋糕糊。放入烤箱烤15~20分钟。从烤箱取出费南雪，脱模，置于烤架冷却。

玛德琳蛋糕

MADELEINES

12个　　　准备时间：10分钟　　　烘烤时间：15分钟

原料表

面粉100克
泡打粉1咖啡匙（满匙）
黄油100克+适量（涂抹烤盘）
鸡蛋2个
细砂糖120克
柠檬皮屑1咖啡匙

1 面粉和泡打粉过筛至搅拌碗。黄油倒入小平底锅，加热至化开。关火，冷却。

2 蛋液和细砂糖倒入另一搅拌碗，搅打5分钟至慕斯状。先一次性加入面粉和泡打粉，再加入化黄油和柠檬皮屑，持续搅拌。

3 烤箱调至7~8挡，预热至220℃。用刷子在玛德琳蛋糕模内涂一层化黄油，将蛋糕糊倒入至模具2/3处。放入烤箱烤5分钟，之后将烤箱调至6~7挡、200℃，继续烤10分钟。从烤箱取出模具，微微冷却后脱模，玛德琳置于烤架冷却。

其他配方

可用1汤匙橙花水代替柠檬皮屑。

纸杯蛋糕（步骤详解）

CUPCAKES

12个纸杯蛋糕	准备时间：30分钟	烘烤时间：20分钟

牛奶15毫升

黄油270克

鸡蛋2个

面粉220克

细砂糖150克

自选食用色素几滴

泡打粉1/2小袋

糖粉150克

糖果、食用花卉各适量

香草精1咖啡匙

原料表

黄油150克
细砂糖150克
鸡蛋2个
面粉220克
盐2小撮
泡打粉1/2小袋
牛奶15毫升

淋面原料

软化黄油120克
香草精1咖啡匙
糖粉150克
自选可食用色素几滴

装饰配料

糖果适量
食用花卉适量

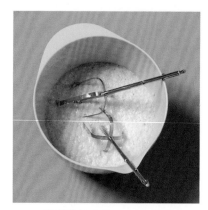

1 烤箱调至6挡，预热至180℃。将黄油、细砂糖和蛋液倒入搅拌碗，用电动打蛋器搅打3分钟左右。

2 面粉、盐和泡打粉一起过筛。

3 将面粉和牛奶交替，分两次倒入蛋液，并持续搅拌。

4 联排玛芬蛋糕模内放入烘焙纸杯。

5 将蛋糕糊倒入纸杯至3/4处。

6 放入烤箱烤20分钟；检查蛋糕烘烤程度：将牙签插入蛋糕再拔出，牙签为干燥状即可。将纸杯蛋糕置于烤架冷却。

7 开始制作淋面：将黄油和香草精一起倒入搅拌碗，用电动打蛋器中速搅打至慕斯状。

8 边缓缓加入糖粉，边继续搅打3分钟左右，至淋面酱顺滑有光泽。

9 添加色素：根据准备的色素，将淋面酱平均分成几份。每份添加10滴左右可食用色素。淋面酱应立即使用或置于冰箱保存。若将淋面酱放于冰箱保存，使用前请先在室温下回温30分钟，然后再次搅拌。

10 用黄油刀或裱花袋将淋面酱涂在纸杯蛋糕表面。

11 根据自身喜好，摆放糖果或食用花卉装饰即可。

椰子岩石小饼干

ROCHERS CONGOLAIS

20块

准备时间：20分钟

烘烤时间：10分钟

原料表

细砂糖300克
盐1小撮
蛋清5个
椰丝250克
香草粉1咖啡匙（满匙）

1 细砂糖、盐和蛋清倒入搅拌碗，隔水加热。

2 边加热边搅拌，直到细砂糖完全融化。加入椰丝和香草粉，再次搅拌。关火。

3 烤箱调至8～9挡，预热至250℃。烤盘内铺一张烘焙纸。用勺子舀取面糊，倒在烘焙纸上，呈金字塔状。注意每团面糊之间保留适当空间，不要离太近。放入烤箱烤10分钟。

4 从烤箱取出小饼干，冷却后揭掉烘焙纸即可。

可露丽
CANNELÉS

12块 | 准备时间：25分钟 | 烘烤时间：50分钟 | 浸渍时间：15分钟

原料表

香草荚1根
牛奶500毫升
黄油50克
鸡蛋2个+蛋黄2个
糖粉250克
朗姆酒（或橙花水）1汤匙
面粉100克

1 香草荚剖成两半、去籽。牛奶倒入平底锅，加入香草荚和香草籽。加热至沸腾，关火，加盖继续留香草荚在牛奶中浸渍15分钟。之后捞出香草荚。

2 烤箱调至6~7挡，预热至200℃。黄油加热至化开。鸡蛋、蛋黄和糖粉倒入搅拌碗，打发至发白起泡。加入化黄油和朗姆酒，轻轻搅拌。加入面粉。加入香草牛奶，搅拌均匀。

3 用刷子在可露丽蛋糕模内涂一层化黄油。将蛋糕糊倒入模具至3/4处。放入烤箱烤45分钟。从烤箱取出后立即脱模，将可露丽置于烤架冷却。

<u>小贴士</u> 请尽快享用这款波尔多小蛋糕：制作当天的口感是最棒的。

修女小蛋糕

VISITANDINES

| 40个 | 准备时间：20分钟 | 冷藏时间：1小时 | 烘烤时间：8~10分钟（每炉） |

原料表

面粉40克
黄油185克
细砂糖125克
杏仁粉125克
蛋清4个

1 面粉过筛。黄油倒入小锅隔水加热至化开，或用微波炉加热至化开。细砂糖和杏仁粉混合。加入面粉。依次加入3个蛋清，并不断搅拌。加入温热的化黄油，搅拌均匀。将最后1个蛋清打发，用刮刀轻轻倒入面糊，翻转搅拌。

2 准备一些小号船形或椭圆形蛋糕模，用刷子在模内涂一层黄油。将蛋糕糊倒入模具至2/3处。放入冰箱冷藏1小时以上。

3 烤箱调至7~8挡，预热至220℃。将蛋糕放入烤箱烤8~10分钟；烤至蛋糕表面金黄，内部柔软即可。从烤箱取出蛋糕，微微冷却脱模。

小贴士 这款小蛋糕需要分批放入烤箱进行烘烤，具体情况视使用的烤箱容量和模具大小、数量而定。为方便脱模，可将模具在台面上轻轻震荡，然后翻转、倒扣脱模。

猫舌饼

LANGUES-DE-CHAT

45块 | 准备时间：20分钟 | 烘烤时间：4~5分钟（每炉）

原料表

化黄油125克
细砂糖75~100克
香草砂糖1小袋（约7.5克）
鸡蛋2个
面粉125克

1 化黄油和两种砂糖倒入搅拌碗，用木质刮刀充分搅拌。依次加入鸡蛋，每加一个搅拌一次。面粉过筛，一次性倒入蛋液，用打蛋器搅拌均匀。

2 烤箱调至6~7挡，预热至200℃。烤盘内铺一张烘焙纸。

3 将蛋糕糊倒入裱花袋，配直径为6毫米的圆形裱花嘴，在烘焙纸上挤出长度为5厘米、像猫舌一样的面糊，每2个面糊的间距为2厘米。

4 分批次放入烤箱，每炉烤4~5分钟。从烤箱取出猫舌饼，脱模，冷却后放入密封罐储存。

迷你彩色烤蛋清

PETITES MERINGUES COROLÉES

| 30块 | 准备时间: 30分钟 | 烘烤时间: 1小时30分钟 |

原料表

蛋清3个
盐1小撮
细砂糖100克
糖粉120克
食用色素适量
食用精油（橙花、柠檬）或食用
香精（苦杏仁、咖啡、香草等）
适量

1 烤箱调至3~4挡，预热至100℃。蛋清倒入搅拌碗，加盐一起打发至硬性发泡。一次性加入细砂糖，调低速度再次搅拌片刻。缓缓加入糖粉，轻轻翻转搅拌几下。打发好的蛋清霜质地厚重且富有光泽。

2 将蛋清霜分别倒入几个小碗。先在小碗内分别添加不同色素，然后根据自身喜好，分别添加不同的食用精油或香精调味。

3 烤盘铺一张烘焙纸。将不同颜色的蛋清霜分别倒入几个套有锯齿形裱花嘴的裱花袋中，在烘焙纸上挤出颜色各异的花形蛋清霜。注意每2个之间留适量间距。

4 放入烤箱低温烘烤1小时30分钟，烤至用手指按压时，蛋清完全干透、质地坚硬。从烤箱取出烤蛋清，置于烤架冷却。

迷你杏仁挞

AMANDINS

10 ~ 12块 | 准备时间: 20分钟 | 烘烤时间: 20分钟

原料表

橙子2个
鸡蛋4个
盐1小撮
细砂糖200克
杏仁粉200克
面粉40克
橙子果酱6汤匙
杏仁50克

1 用刨丝器将橙皮擦成细丝。橙子切成两半，压出橙汁备用。蛋黄和蛋清分离，分别倒入搅拌碗。蛋清加盐打发至泡沫状。

2 烤箱调至6挡，预热至180℃。蛋黄加细砂糖打发至发白起泡。加入杏仁粉、橙汁和橙皮丝，轻轻搅拌。加入面粉，再次搅拌。最后分批加入打发蛋清，用橡皮刮刀轻轻翻转搅拌。

3 准备一些小号椭圆形蛋糕模，用刷子在模内涂一层化黄油，倒入蛋糕糊。放入烤箱，180℃烤10分钟，之后将烤箱调至5 ~ 6挡，160℃继续烤10 ~ 12分钟。从烤箱取出蛋糕，微微冷却后脱模。用刷子在蛋糕表面涂一层橙子果酱，放适量杏仁装饰，即可享用。

咖啡核桃小蛋糕

PETITS DÉLICES AUX NOIX

8~10块 | 准备时间：20分钟 | 烘烤时间：20分钟

原料表

核桃仁120克
鸡蛋3个
细砂糖130克
玉米淀粉75克

淋面原料

糖粉80克
冻干咖啡粉1咖啡匙

1 留20个核桃仁装饰用，其余倒入搅拌机碾碎。

2 蛋清和蛋黄分离，分别倒入搅拌碗。蛋黄加细砂糖，打发至发白起泡。加入玉米淀粉和核桃碎，用木勺充分搅拌。

3 烤箱调至6挡，预热至180℃。用刷子在小号蛋糕模内涂一层化黄油。蛋清打发至硬性发泡。先舀2汤匙打发蛋清，倒入蛋黄糊，轻轻搅拌几下。缓缓倒入剩余蛋清，上下翻转搅拌，防止蛋清回落。

4 将蛋糕糊倒入模具，放入烤箱中层，先用180℃烤10分钟，之后将烤箱温度调至5挡，150℃继续烤10~12分钟。检查蛋糕烘烤程度：将刀尖插入蛋糕再拔出，刀尖应为干燥状。从烤箱取出蛋糕，5分钟后脱模，置于烤架冷却。

5 开始制作淋面：糖粉倒入碗中，加1汤匙水稀释。加入咖啡粉，充分搅拌至质地黏稠、顺滑。用橡皮刮刀将淋面均匀涂在蛋糕表面。最后放核桃仁装饰即可。

瓦片薄脆

TUILES

25块　　准备时间：20分钟　　烘烤时间：4分钟（每炉）

原料表

黄油75克
面粉75克
细砂糖100克
香草砂糖1/2小袋（约3.5克）
鸡蛋2个
盐1小撮
杏仁薄片75克

1 黄油加热至化开。面粉过筛。烤箱调至6～7挡，预热至200℃。烤盘内铺一张烘焙纸。

2 两种细砂糖、面粉和盐倒入搅拌碗，用木勺搅拌均匀。逐个加入鸡蛋，边加入边搅拌。最后加入化黄油和杏仁薄片（轻轻搅拌防止弄碎杏仁片）。

3 用小勺舀取面糊倒在烘焙纸上，注意每团面糊间留一定距离。勺子浸入凉水中浸湿，用勺背轻轻将面糊压扁。每压一次，勺子浸一次冷水。最后放入烤箱烤4分钟。

4 从烤箱取出烤盘，用金属铲刀快速将尚且柔软的薄脆与烘焙纸分离。立刻将薄脆贴在擀面杖（或者空瓶）上，每次3或4片。待薄脆变硬、定形后，剥离擀面杖，放入食品密封罐储存。

<u>小贴士</u>　考虑到薄脆比较脆，为方便定形，请使用小型烤箱，每次少量，多批次进行烘烤。

下午茶之热饮系列

LES BOISSONS CHAUDES DU GOÛTER

以下重点介绍几款很受欢迎的热饮下午茶。大多美食爱好者会选择传统热巧克力，而另一些人则更喜欢茶或咖啡。

牛轧糖菊莴咖啡

RICORÉ® AU NOUGAT

1杯
准备时间：5分钟·烘烤时间：5分钟

· 牛轧糖20克　　　　　　　　· 牛奶250毫升
· 雀巢菊莴咖啡粉2汤匙

牛轧糖切成小块，倒入小平底锅。加入牛奶，小火加热。之后用手持搅拌器将牛奶搅拌至慕斯状。菊莴咖啡粉倒入咖啡杯，加入热牛奶，搅拌后即可享用。

传统热巧克力

CHOCOLAT CHAUD À L'ANCIENNE

4杯
准备时间：5分钟·烘烤时间：5分钟

· 牛奶600毫升　　　　　　　· 细砂糖50克
· 可可含量为70%的黑巧克力125克　· 可可粉25克

牛奶和细砂糖倒入小锅，加热至沸腾。巧克力切块，与可可粉一起倒入沸牛奶，快速搅拌。关火，用手持搅拌器搅拌3分钟即可。趁热享用最佳。

小贴士　可撒适量肉桂粉添加风味。

豆浆抹茶
THÉ MATHA AU LAIT DE SOJA

1杯
准备时间：5分钟 · 烘烤时间：5分钟

· 豆浆250毫升　　　　　· 抹茶粉2汤匙
· 龙舌兰糖浆1汤匙　　　· 冷藏全脂淡奶油100毫升

豆浆倒入平底锅加热，加入抹茶粉和龙舌兰糖浆，用手持搅拌器搅拌至起泡。冷藏全脂淡奶油打发至硬性发泡。先将热抹茶倒入茶杯，再盖一层香缇奶油，即可享用。

阿芙佳朵
CAFÉ AFFOGATO

1杯
准备时间：5分钟 · 烘烤时间：5分钟

· 香草冰激凌球1个　　　　　· 热浓缩咖啡200毫升

将香草冰激凌球放入咖啡杯后将热浓缩咖啡浇在冰激凌上即可享用。

下午茶搭配建议
DU CÔTÉ DES INFUSIONS

我们知道部分下午茶和香料具有排毒养颜的功效，抛开这些功效不说，单纯的享受下午茶不也很好么？以下提供部分1人份下午茶搭配建议。

· 2汤匙白茶+1汤匙干椰蓉+2汤匙椰子糖

· 1咖啡匙茴香籽+1咖啡匙姜黄+2粒豆蔻籽
· 1汤匙木槿花+2粒丁香+2汤匙椰子糖
· 1粒丁香+少许柠檬汁+1咖啡匙蜂蜜+1小撮肉桂粉

细蛋卷

CIGARETTES RUSSES

25～30根

准备时间：30分钟

烘烤时间：8～10分钟（每炉）

原料表

黄油100克
面粉90克
细砂糖160克
香草砂糖1小袋（约7.5克）
蛋清4个

---

1 烤箱调至6挡，预热至180℃。烤盘内铺一张烘焙纸。

2 黄油隔水加热至化开。面粉倒入搅拌碗，加入两种砂糖、蛋清和化黄油，搅拌均匀。

3 用裱花袋或勺子将面糊在烘焙纸上摊成直径8厘米的薄圆饼。放入烤箱烤8～10分钟。烤至边缘变得金黄时，立即从烤箱取出，用橡皮刮刀快速将质地柔软的圆饼与烘焙纸分离。然后立刻将圆饼卷成蛋卷，或者将圆饼贴紧木勺柄卷起。待蛋卷完全冷却、定形后，放入食品密封罐储存。

伯爵夫人小圆饼

COMTESSES

25块

准备时间：30分钟

烘烤时间：30分钟

原料表

黄油225克
面粉250克
盐1/2咖啡匙
细砂糖40克

1 黄油切成小块，室温条件下软化。面粉过筛，倒在案板上。加入盐和软化黄油，开始揉面，揉至面团均匀光滑。

2 烤箱调至5挡，预热至150℃。将面团擀开，擀成1厘米厚的饼皮。用压花器压成小圆饼。烤盘铺一张烘焙纸，放入小圆饼，表面均匀撒一层细砂糖。放入烤箱烤30分钟。注意观察小圆饼表面上色程度，微微上色即可，无须烤至金黄。从烤箱取出小圆饼，冷却后放入食品密封罐储存。

搭配建议

这款微甜的小酥饼适合搭配冰激凌、雪葩和水果沙拉。

其他配方

可在面团中添加30克小柑橘果皮碎，并用红糖代替细砂糖。

葡萄干黄油小饼干

PALETS DE DAMES

25块	准备时间：15分钟	浸渍时间：1小时	烘烤时间：10分钟（每炉）

原料表

葡萄干80克
朗姆酒80毫升
化黄油125克
细砂糖125克
鸡蛋2个
面粉150克
盐1小撮

1 葡萄干洗净，倒入朗姆酒浸渍1小时。

2 烤箱调至6～7挡，预热至200℃。化黄油和细砂糖倒入搅拌碗，充分搅拌。依次加入鸡蛋，每加一个搅拌一次。加入面粉和葡萄干（连同朗姆酒一起），每加入一种原料，充分搅拌一次。

3 烤盘内铺一张烘焙纸。用勺子舀取面糊依次倒在烘焙纸上，注意每团小面糊之间留一定距离。放入烤箱烤10分钟。从烤箱取出小饼干，待冷却后放入食品密封罐储存。

柠檬乳酪夹心小饼干

BISCUITS AU CITRON

40块	准备时间：25分钟	烘烤时间：10分钟（每炉）

1 烤箱调至6挡，预热至180℃。烤盘内铺一张烘焙纸。

2 开始制作饼干坯：面粉过筛。柠檬皮擦成丝。黄油和细砂糖倒入搅拌碗，先搅拌成膏状。继续搅拌至慕斯状时，加入鸡蛋和柠檬皮。边搅拌边缓缓加入面粉。之后开始用手揉面，揉成一个均匀光滑的面团。

3 将面团擀开，擀成8毫米厚的饼皮。用压花器将饼皮压成心形、圆形、菱形等各种形状，放入烤盘。放入烤箱烤10分钟。

4 从烤箱取出小饼干，脱模。置于烤架冷却。

5 先将一半饼干涂一层柠檬乳酪酱，再与另一半饼干粘在一起，柠檬乳酪置于中间。最后在夹心饼干表面再涂适量柠檬乳酪酱，即可享用。

黄油小酥

SABLÉS AU BEURRE

| 50块 | 准备时间：20分钟 | 面团醒发时间：30分钟 | 烘烤时间：12分钟（每炉） |

原料表

黄油200克+适量（涂抹烤盘）
细砂糖100克
蛋黄4个
盐1小撮
面粉320
牛奶100毫升

1 黄油、细砂糖、3个蛋黄和盐倒入搅拌碗，搅拌至膏状。缓缓加入面粉和一半牛奶，搅拌均匀，之后开始揉面，揉至面团光滑有韧劲。将面团放入冰箱冷藏30分钟。

2 烤箱调至7~8挡，预热至220℃。用刷子在烤盘内涂一层化黄油。从冰箱取出面团，擀成4毫米厚的饼皮。用压花器将饼皮压成心形，放入烤盘。

3 剩余蛋液和牛奶混合，用刷子涂在饼干表面。放入烤箱烤10~12分钟，注意观察饼干上色程度。烤至饼干表面微微金黄即可。

4 从烤箱取出饼干，置于烤架冷却。冷却后放入食品密封罐储存。

巧克力马卡龙（步骤详解）

MACARONS AU CHOCOLAT

20块	准备时间：30分钟	冷藏时间：2小时	烘烤时间：3分钟

蛋清4个

糖粉220克

细砂糖50克

杏仁粉120克

淡奶油300毫升

黑巧克力175克

可可粉30克

1 前一晚，将蛋清放入冰箱冷藏过夜。

2 开始制作甘纳许：黑巧克力放入碗中，隔水加热至化开。

3 加入淡奶油，用橡皮刮刀搅拌至均匀顺滑。放入冰箱冷藏过夜。

4 第二天，将烤箱调至5~6挡，预热至160℃。糖粉和杏仁粉混合均匀，倒入烤盘。放入烤箱烤5~10分钟，使杏仁糖粉更加干燥。

5 从冰箱取出蛋清，用电动打蛋器开始打发。中途缓缓加入细砂糖，继续搅打至硬性发泡。

6 杏仁糖粉倒入搅拌碗，加入可可粉，搅拌均匀。

7 杏仁可可糖粉缓缓倒入打发蛋清，用刮刀轻轻上下搅拌均匀。

8 将混合均匀的杏仁可可酱倒入套有圆形裱花嘴的裱花袋。

9 烤盘内铺一张烘焙纸，用裱花袋均匀挤出大小一致的小圆饼。

10 静置20分钟，之后放入烤箱烤12~15分钟。从烤箱取出马卡龙饼坯，微微冷却后，用水将烘焙纸微微打湿，便于脱模。

11 从冰箱取出甘纳许，用刮刀轻轻搅拌。甘纳许倒入套有圆形裱花嘴的裱花袋中，在一半马卡龙饼坯表面涂一层甘纳许。然后盖上剩余一半饼坯。将制作完成的巧克力马卡龙放入冰箱冷藏。食用前取出即可。

果酱饼干

BISCUITS À LA CONFITURE

20块 | 准备时间：25分钟 | 冷藏时间：1小时 | 烘烤时间：5～10分钟（每炉）

原料表

软化黄油140克
糖粉50克
面粉140克
泡打粉1/2小袋（约6克）
杏仁粉30克
鸡蛋1个
香草精1汤匙
草莓果酱50克
杏子果酱50克
糖粉适量（装饰）

1 黄油和糖粉倒入搅拌碗，搅拌至奶油状。面粉、泡打粉过筛，和杏仁粉一起倒入另一搅拌碗，混合均匀。将杏仁面粉倒入黄油，用刮刀轻轻搅拌。加入1个鸡蛋和香草精，搅拌均匀。之后开始揉面，揉成面团。裹上保鲜膜，将面团放入冰箱冷藏1小时。

2 烤箱调至6挡，预热至180℃。从冰箱取出面团，擀成5毫米厚的面片。用压花器将面皮压成喜欢的形状。用更小的压花器压制一半小饼皮，将中心掏空。

3 烤盘内铺一张烘焙纸，放入全部完整饼皮和空心饼皮。放入烤箱，测试饼皮大小和厚度，烤5～10分钟。从烤箱取出饼干，置于烤架冷却。

4 在完整饼干上涂一层果酱，注意边缘处留一定距离。空心饼干表面撒一层糖粉，然后盖上完整饼干，轻轻按压。

布列塔尼小酥饼

PALETS BRETONS

30块 | 准备时间：10分钟 | 冷藏时间：1小时 | 烘烤时间：15分钟（每炉）

原料表

蛋黄2个
细砂糖75克
常温海盐黄油80克
面粉120克
泡打粉1咖啡匙

1 蛋黄和细砂糖倒入搅拌碗，打发至发白起泡。加入常温海盐黄油，搅拌均匀。最后加入过筛的面粉和泡打粉。

2 开始用手揉面，揉成圆形面团。裹上保鲜膜，将面团放入冰箱冷藏1小时以上。

3 烤箱调至6挡，预热至180℃。从冰箱取出面团，揭掉保鲜膜。将面团放在烘焙纸上擀开，擀成1厘米厚的面皮。用圆形压花器压成小圆饼。

4 烤盘铺一张烘焙纸，放入小圆饼。放入烤箱烤15分钟。从烤箱取出小圆饼，置于烤架冷却。

巧克力曲奇
COOKIES AU CHOCOLAT

20块 | 准备时间：10分钟 | 冷冻时间：1小时 | 烘烤时间：8～10分钟（每炉）

原料表

黑巧克力或牛奶巧克力或白巧克
力（也可混合）100克
（巧克力块最佳）
面粉200克
泡打粉1/2咖啡匙
化黄油150克
细砂糖100克
红糖75克
鸡蛋1个
盐适量

1 若使用整板巧克力，则先将巧克力切成小块。

2 将面粉、泡打粉过筛，加盐混合。化黄油和细砂糖倒入搅拌碗，打发至发白起泡。加入鸡蛋，再次搅拌。加入面粉泡打粉混合物，搅拌。最后加入巧克力块，搅拌均匀，揉成面团。

3 将面团放在一张长方形保鲜膜上，揉成直径为5厘米的圆柱形。用保鲜膜裹好，放入冰箱冷冻1小时以上。

4 烤箱调至6～7挡，预热至200℃。从冰箱取出面团，揭掉保鲜膜，切成8毫米厚的小圆饼。烤盘铺一张烘焙纸，放入小圆饼，烤8～10分钟。烤至曲奇边缘颜色变深即可，这样在冷却过程中，曲奇边缘变酥脆，但内部却可保留柔软口感。

<u>小贴士</u> 可以一次性制作两个或三个曲奇面团，放入冰箱冷冻储存。需要时取出面团，开始制作曲奇。

其他配方

可在面粉内筛入1汤匙可可粉或速溶咖啡粉。可用核桃、榛子或碧根果代替全部或部分巧克力块。

维生素果汁、冰沙
JUS ET SMOOTHIES VITAMINÉS

享受下午茶时，还有什么比一杯富含维生素的果汁或冰沙更能让人快速恢复满满能量呢？100%纯果汁或者添加香草或蔬菜搭配，多种组合任你选择！

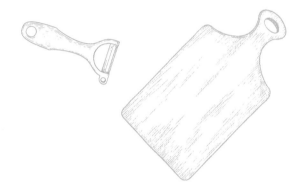

黄金法则
LES RÈGLES D'OR POUR SE LANCER

· 挑选优质水果，也就是新鲜的、自然成熟的（甜度更高）当季水果。

· 挑选有机水果，这样在使用过程中可以保留果皮，而果皮中通常富含纤维和维生素。

· 视情况选择速冻水果：这样一年四季都可以有丰富的搭配。如果用速冻水果来制作冰沙，口感会更加油润顺滑。

· 无论是果汁还是冰沙，都需要及时饮用，这样才能体会到上述法则的优势。

工具的选择
QUEL APPAREIL?

制作冰沙，通常需要使用搅拌机，或者使用手持搅拌器。搅拌机的功率越大，制作出来的冰沙质地就越细腻。可根据自己喜欢的口感来选择不同的工具。但是有一点需要注意，那就是先从液体或者质地柔软的果蔬开始搅拌，否则偏硬的水果或蔬菜的碎片可能会卡在搅拌机刀头的缝隙里。

制作果汁，需要原汁机或者榨汁机。原汁机的优点在于利用慢速压榨的方式，在较低温度下慢磨榨汁，从而更多地保留果蔬的营养。

春夏季
PRINTEMPS ÉTÉ

> 2杯量
> 准备时间：30分钟・烘烤时间：5分钟・冷藏时间：1小时

冰沙
青木瓜800克・红醋栗200克
马鞭草10片・柠檬（榨汁）1个

冰沙
苹果2个・黑葡萄300克
黄香李200克・冰块3～4块

果汁
菠萝1个・草莓300克
覆盆子200克

果汁
芒果1个・桃子4个・杏子2个

秋冬季
AUTOMNE HIVER

> 2杯量
> 准备时间：30分钟・烘烤时间：5分钟・冷藏时间：1小时

冰沙
茴香球茎2个・苹果3个（榨汁）・猕猴桃3个

冰沙
芒果1个・百香果1个・香蕉（小）2根
菠萝1/4个・冰块3～4块

果汁
木瓜2个・胡萝卜4个・橙子2个

果汁
蔓越莓400克・苹果4个・生姜段2厘米

蝴蝶酥

PALMIERS

30块	准备时间：40分钟	醒发时间：1小时	烘烤时间：15～20分钟

原料表

纯黄油千层酥皮面团500克
糖粉150克

1 将千层酥皮面团擀开，擀成长方形，长度为宽度的三倍。在酥皮表面均匀地撒一层糖粉。将面皮折叠成三折，放入冰箱冷藏30分钟。之后重复一遍上述操作。

2 烤箱调至7挡，预热至210℃。从冰箱取出面团，擀成1厘米厚的长方形酥皮。在酥皮表面再次均匀撒一层糖粉。先将酥皮两个长边向中心折叠，轻轻按压一下。再向中心折叠一次，折成类似香肠状。

3 烤盘铺一张烘焙纸。将面团切成7毫米厚的酥皮，放入烤盘。注意每个酥皮之间留一定距离，因为酥皮在烘烤过程中会膨胀。

4 放入烤箱烤15～20分钟，中途翻面一次。酥皮会在烘烤过程中膨胀，逐渐形成蝴蝶状。烤至蝴蝶酥两面金黄即可。

5 从烤箱取出蝴蝶酥，完全冷却后放入食品密封罐储存。

<u>小贴士</u> 可按此食谱提前准备千层酥皮面团（做法详见本书第472页）。

搭配建议

蝴蝶酥可搭配冰激凌或餐后甜品。

巴旦木角糕

CORNES DE GAZELLE AUX AMANDES

15块 | 准备时间：45分钟 | 醒发时间：1小时 | 烘烤时间：10~15分钟

原料表

面团原料

面粉250克
盐1小撮
化黄油2汤匙
蜂蜜1汤匙

馅料原料

杏仁粉250克
细砂糖100克
盐1小撮
化黄油2汤匙
橙花水2汤匙

辅料

蛋黄1个
杏仁薄片适量

1 首先准备面团。面粉和盐倒入搅拌碗，用手指在面粉中心挖个洞。倒入化黄油、蜂蜜和1汤匙水。用手指由外向内缓缓搅拌面团，之后开始揉面。揉至面团均匀、光滑。若有需要，可加少量冷水。将面团在常温下醒发1小时。

2 开始制作馅料：杏仁粉、细砂糖和盐混合均匀。加入化黄油、橙花水，搅拌至馅料均匀柔软。将馅料揉成手指长的小圆条。

3 烤箱调至5挡，预热至150℃。将面团均匀分成2~3份。案板撒一层面粉，将面团擀成约2毫米厚的面皮。先将馅料条放入面皮，距边缘5厘米处，然后折叠面皮，裹住馅料。轻轻按压馅料边缘，使上、下两层面皮贴紧。最后锯齿刀将馅饼与大面皮切开，分离。轻轻将馅饼弯成羊角状。重复上述步骤，至原料用完。

4 蛋黄搅成蛋黄液后加1汤匙水稀释。用刷子在馅饼表面刷一层蛋黄液，再撒上杏仁薄片，两面都裹一层杏仁片。烤盘铺一张烘焙纸，放入烤盘。用叉子在馅饼表面扎三个洞，注意保持一定距离。之后放入烤箱，烤10~15分钟即可。

法式苹果派

CHAUSSONS AUX POMMES

10～12小块 | 准备时间：30分钟 | 烘烤时间：35～40分钟

原料表

柠檬1/2个
黄油30克
苹果5个
细砂糖150克
稠奶油1～2汤匙
纯黄油千层酥皮面团500克
（或2张千层酥皮）
鸡蛋1个

1 柠檬挤汁备用。黄油切成小块。苹果洗净、削皮，切成小块。迅速将苹果块倒入柠檬汁中混合，防止氧化变黑。苹果块沥干，倒入搅拌碗，加入细砂糖和稠奶油混合均匀。

2 烤箱调至8～9挡，预热至250℃。纯黄油千层酥皮面团擀成面皮，切成10～12个直径为12厘米的圆形面皮。鸡蛋打散，用刷子在面皮边缘均匀涂一层蛋液。

3 将奶油苹果块和黄油块均匀铺满半张面皮表面，将另外半边面皮折叠，裹住馅料。用手指轻轻按压，使上、下面皮贴紧。用刷子将剩余蛋液均匀涂在苹果派表面。待蛋液变干，用刀尖在表面划出纹路。注意不要将派皮戳破。

4 将苹果派放入烤箱先烤10分钟，之后将烤箱调至6～7挡，200℃下继续烤30分钟。从烤箱取出苹果派，微微冷却后享用最佳。

小贴士 若希望像专业糕点师一样制作出色泽诱人的苹果派，可将2汤匙糖粉和2汤匙水混合均匀，用刷子在刚出炉的苹果派表面均匀涂一层糖浆。

其他版本

可用250克提前浸水软化、去核、切成块的李子干代替苹果来制作。

葡萄干软包

PAINS AUX RAISINS

12块	准备时间：30分钟	醒发时间：2小时	烘烤时间：20分钟

原料表

面包专用酵母粉15克
牛奶100毫升
面粉530克
葡萄干100克
黄油150克
细砂糖30克
鸡蛋4个
盐6咖啡匙
砂糖粒适量

1 将面包专用酵母粉、60毫升牛奶和30克面粉混合均匀。撒入30克面粉，放至温暖处发酵30分钟。

2 葡萄干倒入大碗，加温水浸泡，使其软化、泡发。

3 黄油室温条件下软化。剩余面粉过筛，倒入搅拌碗。加入步骤1的发酵面团，加入细砂糖、鸡蛋和盐，混合均匀。将面团置于案板揉5分钟，揉至面团松软、有弹性。

4 加入剩余牛奶，再次揉面。将葡萄干捞出后沥干。加入化黄油和葡萄干，再揉几下。将面团放至温暖处醒发1小时。

5 醒发好的面团均匀分成12份。每份面团揉成一根细长条，从一端开始卷成螺旋状。烤盘铺一张烘焙纸，将螺旋状面团放入烤盘，醒发30分钟。

6 烤箱调至7挡，预热至210℃。将最后1个鸡蛋打散，用刷子在面团表面均匀刷一层蛋液，再撒上砂糖粒。放入烤箱烤20分钟。从烤箱取出面包，微微冷却或完全冷却均可享用。

圆面包
BUNS

约10个 | 准备时间：20分钟 | 醒发时间：3小时 | 烘烤时间：20分钟

原料表

牛奶2汤匙
糖粉2汤匙

面包坯原料

面包专用酵母粉12克
温牛奶200毫升
面粉450克
鸡蛋1个
盐1咖啡匙
细砂糖60克
软化黄油75克

1 将面包专用酵母粉倒入温牛奶中，静置10分钟至溶解。

2 面粉倒在案板上，用手指在面粉中间挖个洞。倒入酵母液、鸡蛋、盐、细砂糖和黄油。开始混合揉面，至少揉10分钟，揉至面团变得光滑有弹性（也可使用搅拌机或面包机来揉面）。

3 揉好的面团放入碗中，盖上厨房布，放至温暖处（冬天可放至暖气旁）醒发1小时30分钟。醒发至面团体积增大一倍。

4 将面团重新放回案板，再次轻轻揉面。面团体积会回缩。准备一个焗饭烤盘，用刷子涂一层软化黄油。手上沾面粉，将面团揉成10多个橘子大小的圆面团，放入烤盘。每个面团间留少量距离。再次放至温暖处醒发1小时30分钟。

5 烤箱调至6~7挡，预热至200℃。糖粉倒入牛奶，搅拌至溶解。用刷子在面团表面刷一层糖粉牛奶。用剪刀在面团顶部剪十字。将面团放入烤箱烤20分钟。这款小圆包可作为下午茶，温热时享用口感最佳。

香料、香草和食用花卉！
À VOS ÉPICES, HERBES ET FLEURS!

香料、香草和食用花卉都是烘焙过程中不可缺少的增味剂，可以给烘焙带来独创性，增添不同的风味！

香料
LES ÉPICES

生姜： 这是制作香料面包必不可少的四种香料之一。通常在制作果酱或者酥挞时，会添加适量生姜粉。此外，生姜和大黄特别适合搭配使用（可用于制作果泥或果酱）。

小豆蔻： 通常会将1~2根豆蔻的果实碾碎，加入大米牛奶或粗粒小麦牛奶中混合使用。

胡椒： 胡椒可以更好地烘托出水果的香味。例如在炖梨时，可将适量草莓和胡椒放入搅拌机微微搅碎，倒入炖梨的糖浆中。

辣椒： 在墨西哥，人们会将新鲜小红椒碾碎与细砂糖混合，搭配芒果片或菠萝片。埃斯佩莱特辣椒则适合与巧克力混合，少量添加于慕斯中。

香草
LES HERBES

大部分情况下，香草需要放入热的液体中浸泡使用：

· **浸渍糖浆。** 将1小袋罗勒叶和马鞭草或者3~4小段薄荷的薄荷叶放入糖浆浸渍30分钟。适用于制作雪葩。

· **浸渍牛奶。** 制作英式蛋奶酱时，需要将香草荚放入热牛奶浸泡，使香草味浸入牛奶。适用于制作冰激凌、浮岛等。

· **浸泡热水。** 蒸水果时，在热水中放入合适的香草，可以增加香味，比如蒸无花果时可加入适量马鞭草。

除此之外，很多香草也适合搭配水果：

· **迷迭香：** 制作传统苹果挞或者法式反烤苹果挞时，可加入约20小支迷迭香。迷迭香的用量视具体情况而定，但注意用量不要过多，因为迷迭香属于香味较浓的香草。

· **百里香：** 适合与苹果、杏或者桃子搭配。

· **马鞭草：** 夏季制作水煮桃时，可加入适量马鞭草。

制作果酱时，同样适合加入香草： 通常在一大盆果酱内添加1~2小支迷迭香或者百里香叶片就足够了。对于那些香味偏淡的香草，如马鞭草、椴木或者薄荷等，则需要加20片左右。

可食用花卉
LES FLEURS

花水：将橙花水或玫瑰花水适合加入奶油或者可丽饼面糊中，通常每500毫升液体添加1汤匙花水即可。

薰衣草：特别适合搭配桃和杏。制作冰激凌时，可在500毫升英式蛋奶酱中添加1汤匙干薰衣草或者在1份雪葩中添加50毫升糖浆。

三色堇：适用于英式蛋奶酱的上色。根据用量的不同，可使成品呈现粉色到红色不同程度的颜色。制作蛋奶酱前，需将三色堇干花先放入牛奶中浸泡。

布里欧修小蛋糕
GÂTEAUX MOLLETS

6块 | 准备时间：30分钟 | 醒发时间：1小时 | 烘烤时间：20分钟

原料表

面包专用酵母粉15克
温牛奶100毫升
常温黄油300克+适量（涂抹模具）
面粉300克
鸡蛋4个
盐1小撮
细砂糖20克

1 将面包专用酵母粉倒入温牛奶中溶解。常温黄油切成小块。面粉过筛，倒入搅拌碗。用手指在面粉中间挖个洞，倒入鸡蛋、盐和细砂糖，开始搅拌。搅拌均匀后，加入常温黄油和酵母液，再次搅拌。

2 准备6个小号布里欧修蛋糕模，用刷子在模内涂一层化黄油，倒入蛋糕糊。放至温暖处醒发1小时。

3 烤箱调至6挡，预热至180℃。将蛋糕放入烤箱，烤20分钟。从烤箱取出后微微冷却。此时享用，口感最佳。

搭配建议

这款布里欧修小蛋糕适合搭配巧克力慕斯或果酱。

司康
SCONES

6人份　　准备时间：25分钟　　烘烤时间：20分钟

原料表

黄油30克+适量（涂抹模具）
面粉250克
盐1小撮
小苏打1小撮
细砂糖20克
乳清（或发酵牛奶）100毫升

1 黄油切成小块。面粉和盐倒入搅拌碗。加入黄油块，用手指开始搅拌。

2 将小苏打和细砂糖混合均匀，倒入搅拌碗。加入乳清，继续揉面。案板上撒一层面粉，将面团放在案板上，揉至面团变柔软。

3 烤箱调至7~8挡，预热至220℃。用擀面杖将面团擀开，擀成1.5厘米厚的面皮。先将面皮均匀切成8份，再将每一份斜切，切成两个三角形面皮。

4 用刷子在烤盘内涂一层化黄油，放入三角形面皮。放入烤箱烤20分钟，烤至表面金黄。从烤箱取出司康，放入餐盘。温热时口感最佳。

小贴士　若没有乳清或发酵牛奶，可将100毫升巴氏消毒牛奶放至温暖处发酵48小时使用。

搭配建议

司康通常作为下午茶食用，搭配
黄油或果酱口感更佳。当然也可
以作为早餐食用。

松露巧克力（步骤详解）

TRUFFES AU CHOCOLAT NOIR

20块	准备时间：30分钟	冷藏时间：2小时	烘烤时间：3分钟

牛奶1汤匙

黄油100克

蛋黄2个

糖粉125克

黑巧克力300克

苦可可粉250克

鲜奶油50毫升

1 黑巧克力掰成块放入小锅，隔水加热。

2 加入牛奶，搅拌至巧克力完全化开，质地变得顺滑。

3 缓缓加入黄油块，搅拌。

4 逐个加入蛋黄，每加入一个搅拌一次。

5 加入鲜奶油和糖粉。

6 根据个人喜好，选择一种白酒，并在其中加入巧克力酱（朗姆酒、白兰地或其他白酒均可）。用打蛋器搅拌5分钟。

7 烤盘内铺一张烘焙纸，倒入巧克力酱，厚度约2厘米。放入冰箱冷藏2小时。

8 可可粉倒入大号餐盘或烤盘。

9 从冰箱取出烤盘。将凝固的巧克力切成大小均匀的小方块。

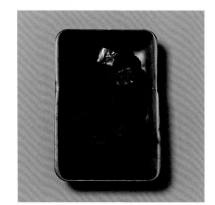

10 手掌沾可可粉，取一块巧克力，快速揉成巧克力球，放入可可粉中。快速重复上述步骤，以免巧克力块软化。

11 全部巧克力球制作完成后，从可可粉中取出，放入甜品杯。食用前请将巧克力球置于阴凉处（但不要放入冰箱）。

巧克力焦糖

CARAMELS AU CHOCOLAT

50～60块 | 准备时间：10分钟 | 烘烤时间：10～12分钟

原料表

细砂糖250克
鲜奶油100毫升
蜂蜜50克
可可粉50克
葵花子油1汤匙

1 将细砂糖、鲜奶油、蜂蜜和可可粉倒入平底锅，边小火加热边搅拌，熬至焦糖呈深琥珀色。

2 准备1个长方形金属无底蛋糕模（或者直径22厘米的慕斯圈），放在一张烘焙纸上。用刷子在模内上涂一层葵花子油。倒入焦糖液，静置冷却定形。定形后，脱模，切成小方块即可。

其他配方

也可制作咖啡软焦糖：按照上述步骤，用250克细砂糖、100毫升鲜奶油、2汤匙咖啡香精和12滴柠檬汁来制作。

法式煎吐司

PAIN PERDU

4人份　　　准备时间：10分钟　　　烘烤时间：5分钟

原料表

鸡蛋2个
牛奶400毫升
香草精1咖啡匙
细砂糖4汤匙
隔夜吐司（或隔夜布里欧修面包）
8片
黄油20克

1 鸡蛋、牛奶、香草精和2汤匙细砂糖混合，搅拌均匀。

2 将隔夜吐司放入蛋液中浸泡。

3 将黄油和剩余细砂糖放入平底锅，加热至黄油化开。放入浸有蛋液的吐司，煎至两面金黄即可。

其他配方

也可使用黑麦面包或谷物面包来制作这款法式煎吐司。

苏格兰松饼
PANCAKES ÉCOSSAIS

| 8～12块 | 准备时间：15分钟 | 烘烤时间：4分钟（每炉） |

原料表

黄油30克
面粉120克
泡打粉3咖啡匙
细砂糖30克
鸡蛋1个
牛奶200毫升
葵花子油3汤匙

1 黄油放入平底锅加热至化开或用微波炉加热。面粉、泡打粉和细砂糖倒入搅拌碗混合均匀。加入鸡蛋和牛奶，再次搅拌。加入化黄油，搅拌均匀。

2 平底锅烧热，用吸油纸在锅底涂一层葵花子油。用汤匙舀面糊倒入平底锅，每勺面糊之间留一定距离。中火加热至松饼表面开始凝固，用刮刀翻面继续煎，煎至两面上色（每面约煎2分钟）。煎好的松饼放在吸油纸上。

3 重复上述步骤，直到用完全部面糊。注意每次煎之前平底锅都要涂油。

8款优选轻卡食谱

LE TOP 8 DES RECETTES LIGHT

1 罗勒西瓜冰沙
SOUPE DE PASTÈQUE AU BASILIC
每份所含热量为111千卡
P250

2
萨瓦蛋糕 P20
BISCUIT DE SAVOIE
每份所含热量为135千卡

3
意式水果椰奶冻 P174
PANNA COTTA AU LAIT DE COCO ET AUX FRUITS ROUGES
每份所含热量为96千卡

香料烤香蕉 P226
BANANES RÔTIES AUX ÉPICES
每份所含热量为39千卡

科西嘉菲亚多纳乳酪蛋糕 P62
FIADONE
每份所含热量为195千卡

芒果雪葩 P290
SORBET À LA MANGUE
每份所含热量为141千卡

覆盆子巴甫洛娃蛋糕 P356
PAVLOVA AUX FRAMBOISES
每份所含热量为181千卡

巧克力舒芙蕾 P364
SOUFFLÉS AU CHOCOLAT
每份所含热量为224千卡

法式苹果甜甜圈

BEIGNETS AUX POMMES

20块	准备时间：30分钟	醒发时间：1小时	烘烤时间：4分钟（每炉）

原料表

苹果4个
食用油适量（油炸用）

甜甜圈面糊原料

面粉125克
盐1/2咖啡匙
鸡蛋1个
花生油1汤匙
啤酒150毫升

肉桂砂糖原料

细砂糖45克
肉桂粉1咖啡匙

1 首先制作甜甜圈面糊：面粉和盐倒入搅拌碗，用手指在面粉中间挖个洞。加入鸡蛋和花生油。边搅拌边缓缓加入啤酒。搅拌至面糊变得均匀、顺滑，放入冰箱冷藏1小时以上。

2 苹果洗净、去皮，用去核器挖掉果核。将每个苹果切成5片厚圆片。

3 制作肉桂砂糖：将细砂糖和肉桂粉倒入餐盘混合。依次放入苹果片，使其表面均匀裹一层肉桂砂糖。

4 食用油倒入锅中，加热至175℃。从冰箱取出甜甜圈面糊。用长柄叉依次叉起苹果片，放入面糊中裹一层面糊，然后放入热油中。炸约4分钟，中途用漏勺翻面。炸至两面金黄，捞出，放在吸油纸上。最后将苹果甜甜圈放入餐盘，即刻享用最佳。

小贴士 避免过度搅拌甜甜圈面糊，这样会降低面糊与食物的黏性；尽量使用刮刀进行搅拌。

其他配方

使用其他原料制作这款甜甜圈也同样美味：比如按此食谱还可制作香蕉口味、奶油口味、樱桃口味等口味的甜甜圈。

油炸泡芙
PETS-DE-NONNE

30块

准备时间：30分钟

烘烤时间：25～30分钟

原料表

食用油适量（油炸用）
糖粉适量
泡芙面糊原料
全脂鲜牛奶60毫升
盐1/2咖啡匙
细砂糖1/2咖啡匙
黄油45克
面粉60克
鸡蛋2个

1 首先制作泡芙面糊：将50毫升水、全脂鲜牛奶、盐、细砂糖和黄油倒入大号深口平底锅，加热至沸腾。一次性加入面粉，快速搅拌至面糊均匀、顺滑。继续搅拌至面糊开始粘壁时，调至小火，继续搅拌2～3分钟，使面糊质地更加黏稠。关火，移开平底锅，冷却。面糊冷却至温热时，依次加入鸡蛋，并持续搅拌，保持面糊均匀顺滑。

2 食用油倒入锅中，加热至170～180℃。借助两个咖啡勺将面糊舀成10来个核桃大小的泡芙球，放入热油中炸2～3分钟。中途用漏勺翻面。炸至泡芙球表面金黄时，用漏勺捞出，放在吸油纸上。重复上述步骤，直到用完全部面糊。

3 最后将泡芙球放入餐盘，撒上糖粉。趁热享用，泡芙球冷却后体积会回缩。

其他配方

也可制作杏仁泡芙球：在泡芙面糊中加入50克杏仁薄片，用同样的步骤完成制作。杏仁泡芙球微微冷却后，

可搭配喜欢的果酱一起享用。

西班牙吉事果

CHURROS

45根 | 准备时间：10分钟 | 醒发时间：1小时 | 烘烤时间：10分钟

原料表

黄油60克
盐1小撮
细砂糖60克
面粉225克
鸡蛋2个
葵花子油（或葡萄子油）适量
（油炸用）

1 将250毫升水、黄油、盐和2小撮细砂糖倒入平底锅，加热至沸腾。一次性加入面粉，用木勺充分搅拌至面糊黏稠顺滑。

2 关火，加入鸡蛋，搅拌均匀。面糊放至阴凉处醒发1小时。

3 葵花子油倒入锅中，加热至180℃。将面糊倒入吉事果按压机或锯齿嘴裱花袋。将面糊挤成长条，挤入热油中。挤至10厘米长时，用剪刀剪断。重复上述步骤，注意不要让长条粘在一起。

4 中途用漏勺翻面，炸至两面金黄即可。用漏勺捞出吉事果，放入吸油纸沥干。最后将吉事果放入餐盘，撒上糖粉，即可享用。

<u>小贴士</u>　可在网上购买吉事果专用机，方便制作。

糖粉华夫饼

GAUFRES AU SUCRE GLACE

5~10块	准备时间：15分钟	醒发时间：1小时	烘烤时间：4分钟（每炉）

原料表

食用油适量（涂抹模具）

糖粉适量

华夫饼坯原料

淡奶油50毫升

全脂牛奶20毫升

盐3克

面粉75克

黄油30克

鸡蛋3个

橙花水1咖啡匙

1 首先制作华夫饼坯：将淡奶油和一半全脂牛奶倒入平底锅，加热至沸腾。关火，冷却。剩余一半全脂牛奶和盐倒入另一平底锅，同样加热至沸腾；之后一次性加入面粉和黄油，边加热边用刮刀搅拌，继续加热2~3分钟，使面糊质地变得微微黏稠。关火，将面糊倒入搅拌碗，逐个加入鸡蛋，再加入煮好的淡奶油和牛奶混合物，最后加入橙花水。搅拌均匀，放至完全冷却。面糊继续醒发1小时以上。

2 用刷子在华夫饼烤模内涂一层食用油，烤模置于火上预热。缓缓将面糊倒入烤模，尽量填满模具，但注意不要让面糊溢出。

3 合上烤模，翻转，使面糊均匀分布在模具两边。每边加热2分钟。打开烤模，脱模。将华夫饼放入餐盘，撒上糖粉，即可享用。

里昂炸糖角

BUGNES

50块 | 准备时间：45分钟 | 醒发时间：12小时 | 烘烤时间：2～3分钟（每炉）

原料表

面粉250克
鸡蛋2个
细砂糖40克
盐5克
葵花子油2汤匙
软化黄油80克
柠檬皮碎1/2个柠檬
朗姆酒50毫升
食用油适量（油炸用）
糖粉适量

1 前一天晚上开始准备。将面粉过筛至案板。用手指在面粉中间挖个洞，倒入鸡蛋、细砂糖、盐、葵花子油和黄油。用手慢慢将面粉向中间搅拌，之后开始揉面。揉至面团光滑但粘手。加入柠檬皮碎和朗姆酒，再次揉面。最后将面团放入大碗，置于阴凉处过夜醒发。

2 第二天。将食用油倒入锅中，加热至180℃。案板撒一层面粉，将面团尽可能擀成薄面皮。用刀将面皮切成自己喜欢的形状。

3 将小面片依次放入热油中，注意避免粘在一起或距离太紧，影响膨胀效果。中途用漏勺翻面一次，炸至两面金黄即可。

4 用漏勺捞出糖角，放入吸油纸沥干。最后将糖角放入餐盘，撒上糖粉。趁热或微微冷却均可享用。

小贴士 小面片放入热油炸之前，用干燥的刷子将面皮表面的面粉刷掉，否则面粉入油锅会变焦，并使油变黑。

烘焙工坊
ATELIER PÂTISSERIE

水油酥皮

PÂTE BRISÉE

原料表

面粉250克
冷藏半盐黄油125克
冷水100毫升

1 面粉倒在案板上，用手指在面粉中间挖个洞。倒入切成小块的冷藏半盐黄油。

2 用手将面粉和冷藏半盐黄油混合揉搓，揉至面粉呈粗颗粒状。

3 分2~3次加入冷水，轻轻混合。注意不要过度揉搓。

4 快速将面团揉成球状。此时面团里仍可见一些未化开的黄油颗粒。面团裹上保鲜膜，放入冰箱冷藏30分钟。

①

②

③

④

油酥派皮

PÂTE SABLÉE

原料表

软化黄油120克
细砂糖60克
鸡蛋1个
盐2小撮
面粉220克

1 黄油、细砂糖、鸡蛋和盐倒入搅拌碗，用打蛋器搅拌均匀即可。无须搅拌至顺滑。

2 加入面粉，用手开始快速揉面，揉成面团。面团裹上保鲜膜，放入冰箱冷藏醒发1小时以上。过夜醒发最佳。

3 从冰箱取出面团。案板撒一层面粉，用擀面杖将面团擀开。将擀开的派皮放入酥挞烤盘，用擀面杖擀掉烤盘外的多余派皮。烤盘放入冰箱冷藏30分钟。

4 从冰箱取出烤盘。先在派皮上铺一张烘焙纸，然后撒一层烘焙豆（或干蔬菜）。根据不同食谱的时间要求，将派皮放入烤箱预烤。

1

2

3

4

千层酥皮
PÂTE FEUILLETÉE

原料表

面粉350克
软化黄油35克+冷冻黄油250克
盐1/2咖啡匙（满匙）
水130毫升

1 首先开始和面。将面粉、软化黄油和盐倒在案板上，缓缓加水，快速混合搅拌均匀。

2 用手将面团揉成圆球状，裹上保鲜膜，放入冰箱冷藏2小时。

3 从冰箱取出冷冻黄油，放在两张烘焙纸之间。用擀面杖将黄油擀开，擀成约20厘米宽的正方形。

4 从冰箱取出面团。案板撒一层面粉，将面团擀成约42厘米长、22厘米宽的长方形。将正方形黄油放在长方形一端。

5 将长方形面皮折叠，裹住黄油。用手轻压上下面皮边缘，用叉子按压，使上下面皮贴紧。

6 将面团顺时针旋转90°。再次擀成长方形，长度与宽度比例为3∶1。

7 将长方形面皮两端向内折叠，叠成三折。

8 用大拇指在面团上按压一个坑作为标记，表示完成第一次折叠。面团裹上保鲜膜，放入冰箱冷藏2小时。

9 重复上述步骤6和步骤7。用大拇指按压两个坑做标记，表示完成第二次折叠。之后再次放入冰箱冷藏2小时（图略）。

10 再次重复步骤6和步骤7，千层酥皮便制作完成。若不立即使用，请放至冰箱冷藏保存（图略）。

1

2

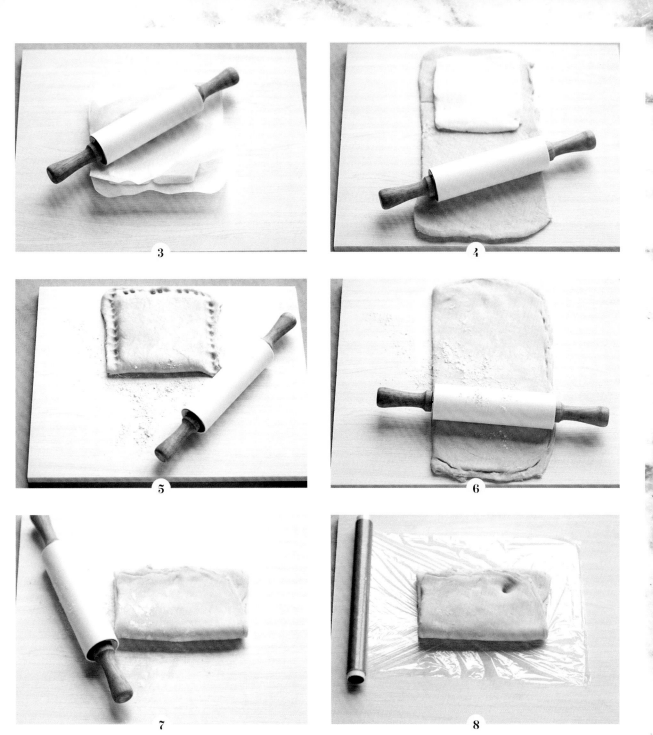

250克面团
准备时间：10分钟
冷藏时间：30分钟

甜酥面团
PÂTE SUCRÉE

原料表

鸡蛋1个
糖粉40克
杏仁粉2汤匙
盐1小撮
黄油60克
面粉110克

1 鸡蛋倒入搅拌碗，用打蛋器打散。加入糖粉、杏仁粉和盐，用刮刀快速搅拌至慕斯状。黄油切成小丁。

2 面粉过筛，倒入蛋液，用刮刀快速搅拌。

3 用手指轻轻搓揉面粉，搓揉至面粉呈粗粒状。注意这时候不必揉成面团。

4 案板上撒一层面粉，将粗粒状面粉倒在案板上。加入黄油丁，用手开始混合揉面，揉成一个圆形面团。面团裹上保鲜膜，放入冰箱冷藏30分钟以上即可。

挞盘铺底与预烤挞皮

FONCER UN MOULE À TARTE ET CUIRE UNE PÂTE À BLANC

1 案板上撒一层面粉，用擀面杖将面团擀成圆形面皮。用擀面杖轻轻卷起面皮，铺入挞盘。注意调整面皮的位置。

2 轻轻按压使面皮贴紧挞盘底部和侧壁。用擀面杖擀掉挞盘外多余的面皮。若您使用多个小酥挞模具，可先将模具摆放整齐，然后按照同样的方法铺入面皮，再擀掉多余的面皮。注意小模具之间需要留一点距离。

3 用叉子在挞皮表面扎一些孔。

4 在挞皮表面铺一张烘焙纸，放入烘焙豆（或者干蔬菜）。按照相应食谱要求的时间，将挞皮放入烤箱预烤。之后从烤箱取出挞盘，拿掉烘焙纸和烘焙豆即可。

1

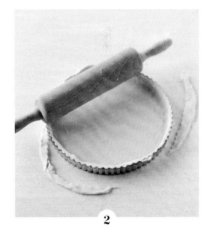

2

3

4

泡芙面团
PÂTE À CHOUX

原料表

牛奶150毫升

水100毫升

盐1咖啡匙(满匙)

细砂糖1汤匙

黄油100克

面粉135克

鸡蛋4个

1 将牛奶和水倒入深口平底锅。加入盐、细砂糖和黄油。

2 加热至沸腾后,一次性加入过筛的面粉,用木勺快速搅拌,直到面糊变得均匀顺滑。

3 继续用小火加热并持续搅拌,直到面糊变黏稠并且开始粘壁。

1

2

3

4 关火，移开平底锅。待面糊微微冷却，加入1个鸡蛋，用刮刀搅拌均匀。

5 继续一个接一个加入剩余鸡蛋，注意每次搅拌均匀后再加下一个。搅拌过程中，注意时不时观察面糊质地：用刮刀挑起面糊，面糊滑落时呈丝带状即可。

6 将面糊倒入套有圆形裱花嘴的裱花袋。

7 制作闪电泡芙时，可将面糊在烤盘上挤成约15厘米的长条。

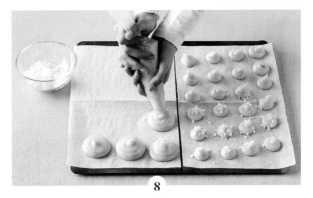

8 制作泡芙球或者修女泡芙时，将面糊在烤盘上挤成直径约6厘米的小球。若制作体积较小的修女泡芙或糖粒泡芙时，将面糊在烤盘上挤成直径约3厘米的小球。

小贴士 制作闪电泡芙和修女泡芙时，可使用直径为20毫米的裱花嘴；制作迷你闪电泡芙或糖粒泡芙时，可使用直径12～14毫米的裱花嘴。

500克面团
准备时间：15分钟
烘烤时间：40～45分钟

法式海绵蛋糕
PÂTE À GÉNOISE

原料表

鸡蛋4个
细砂糖140克
黄油40克
面粉140克

1 2 鸡蛋打入搅拌碗，加入细砂糖，隔着微微沸腾的水加热。边加热边将打发蛋液，打发至体积增至三倍大小（温度为55～60℃，手指可承受的温度）。关火，将搅拌碗移开，继续搅拌至蛋液完全冷却。烤箱调至6挡，预热至180℃。准备一个直径为22厘米的活扣蛋糕模，用刷子在模内涂一层黄油，再撒一层面粉。

3 黄油加热至化开，然后冷却至温热备用。舀2汤匙打发蛋液倒入小碗，加入化黄油，轻轻搅拌。面粉过筛，倒入打发蛋液，用刮刀轻轻搅拌。最后加入小碗的黄油蛋液，轻轻搅拌均匀。

4 将蛋糕糊倒入蛋糕模，放入烤箱烤35～40分钟。从烤箱取出蛋糕，冷却后脱模。

杏仁达克瓦兹

PÂTE À DACQUOISE À L'AMANDE

原料表

糖粉150克
杏仁粉135克
蛋清5个
细砂糖50克

1 糖粉和杏仁粉混合，过筛至一张烘焙纸上。

2 蛋清倒入搅拌碗，用电动打蛋器打发。打发期间分三次加入细砂糖，防止一次性加入导致细砂糖结块。蛋清打发至慕斯状。

3 一次性加入杏仁粉和糖粉混合物，用刮刀轻轻上下翻转搅拌。注意不要过度搅拌。

4 烤盘铺一张烘焙纸，在烘焙纸上画两个圆圈。将面糊倒入套有直径为1厘米的圆形裱花嘴的裱花袋中。用裱花袋挤出面糊，从圆圈中心处向外螺旋状画圈，直到填满整个圆圈，形成两个达克瓦兹圆饼。

①

②

③

④

小贴士 达克瓦兹制作完成后24小时内使用最佳，通常与慕斯或甘纳许搭配。

巧克力蛋糕糊

PÂTE À BUISCUIT AU CHOCOLAT

原料表

面粉180克

可可粉30克

泡打粉1小袋（约11克）

鸡蛋6个

软化黄油100克

细砂糖100克

香草砂糖1小袋

1 面粉、可可粉和泡打粉混合，过筛。蛋清和蛋黄分离，分别放入碗中备用。黄油、蛋黄和两种砂糖倒入搅拌碗，打发至起泡。

2 加入面粉混合物，搅拌至面糊均匀。

3 蛋清打发至硬性发泡。用刮刀将打发蛋清缓缓倒入面糊，轻轻上下搅拌。

4 准备一个活扣蛋糕模。用刷子在模内涂一层化黄油，再撒一层面粉。将蛋糕糊倒入模具。

其他配方

可根据自身喜好调整这款基础食谱。比如可以用等量的榛子粉来代替可可粉。

根据不同的口味，可添加少量朗姆酒或柑曼怡力娇酒来增添风味。

卷蛋糕

ROULER UN GÂTEAU

原料表

法式海绵蛋糕（详见本书第478页）1份
夹心慕斯（口味自选）适量
混合红色水果（自选）200克

1 海绵蛋糕冷却后，在一张厨房布上撒一层糖粉，然后将蛋糕倒扣在糖粉上。蛋糕长边与自己身体一侧相垂直。轻轻揭掉蛋糕表面的烘焙纸。

2 用抹刀从蛋糕一端开始均匀涂抹夹心慕斯，注意慕斯与蛋糕另一端边缘之间留4厘米左右距离。在慕斯表面均匀撒一层水果。

3 轻轻用厨房布将蛋糕从涂满慕斯的一端开始卷起，边卷边轻轻压紧。借助餐布卷起，有利于防止蛋糕在卷起过程中开裂。

4 将蛋糕卷放入冰箱冷藏3小时。食用前取出，添加装饰物即可。

1

2

3

4

30毫升
准备时间：10分钟
制作时间：10分钟

卡仕达酱

CRÈME PÂTISSIÈRE

原料表

蛋黄3个
细砂糖50克
面粉20克
全脂牛奶250毫升

1 蛋清和细砂糖倒入搅拌碗，打发至发白起泡。一次性加入面粉，搅拌均匀。

2 全脂牛奶倒入深口平底锅，加热至沸腾。

3 先将少量热牛奶倒入面糊，轻轻搅拌。之后将面糊全部倒入平底锅，与热牛奶混合。

4 开小火，边加热边持续搅拌，直到卡仕达酱变黏稠。关火，移开平底锅，将卡仕达酱倒入碗中。

①

②

③

④

小贴士 为防止卡仕达酱在冷却过程中表面凝固形成一层奶皮，可用叉子叉一块黄油，轻轻在热卡仕达酱表面涂抹，但注意不要用力按压。另外一个方法是在卡仕达酱表面铺一张保鲜膜。

香缇奶油
CHANTILLY

英式蛋奶酱
CRÈME ANGLAISE

原料表

冷藏全脂淡奶油500毫升
糖粉30克
香草砂糖1小袋

原料表

香草荚1/2根
牛奶500毫升
蛋黄6个
细砂糖60克

1 将冷藏全脂淡奶油倒入搅拌碗，放入冰箱冷藏，至少1小时。制作前从烤箱取出。

2 取出淡奶油后，先用手动打蛋器或电动打蛋器慢速搅打1分钟。随着奶油体积的增大逐渐加快搅打速度。

3 加入糖粉和香草砂糖，继续搅打。打发至香缇奶油体积增大一倍，提起打蛋器能形成弯角时，停止打发。将香缇奶油放入冰箱冷藏，使用前取出即可。

1 香草荚剖成两半。牛奶倒入深口平底锅，加入香草荚，加热至沸腾。关火，香草荚留在热牛奶中浸渍20分钟左右。

2 蛋黄和细砂糖倒入搅拌碗，快速打发至慕斯状。

3 从牛奶中捞出香草荚，刮掉香草籽，将香草籽重新倒入牛奶中。再次加热至沸腾。关火，将香草牛奶缓缓倒入打发蛋黄，不断搅拌。

4 将搅拌均匀的蛋奶酱重新倒回平底锅，小火加热。边加热边搅拌，使蛋奶酱质地变黏稠，但注意不要将蛋奶酱煮至沸腾。随时检查蛋奶酱的质地：用刮刀舀起蛋奶酱，手指划过刮刀可留下明显痕迹时，质地最佳。关火，将蛋奶酱倒入搅拌碗冷却或者直接将平底锅浸入盛有冰水的容器，使蛋奶酱快速冷却。

法式蛋清霜

MERINGUE FRANÇAISE

原料表

蛋清5个
细砂糖300克
香草精（可选）1咖啡匙

1 蛋清倒入搅拌碗中。用电动打蛋器打发蛋清，其间缓缓加入一半细砂糖，打发至泡沫状。

2 当蛋清打发至体积增大一倍时，加入一半剩余的细砂糖和香草精。继续打发至硬性发泡。加入剩余细砂糖，再次打发至细砂糖完全融化。此时用打蛋器提起蛋清，可形成直立的尖角。

意式蛋清霜

MERINGUE ITALIENNE

原料表

细砂糖80克
蛋清2个

1 将细砂糖和2汤匙水倒入小平底锅，先加热至沸腾。之后继续加热至120℃（糖浆冒小泡：此时将糖浆滴一滴至冰水中，可用手指捏成一个柔软的小球）。

2 熬糖浆的过程中，可以将蛋清先打发至慕斯状。然后缓缓加入热糖浆，并继续打发，打发至富有光泽，用打蛋器提起蛋清形成尖角。

1

2

烤蛋清挞

MERINGUER UNE TARIE

1 将制作好蛋清霜均匀涂在挞皮表面。您也可以使用圆嘴裱花袋将蛋清霜挤成不同的花形。

2 用烘焙喷枪喷烤蛋清霜或将蛋清挞置于烤架上，放入烤箱烤2~3分钟。

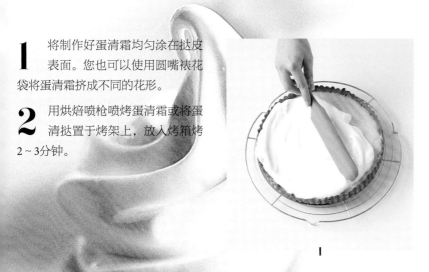

1

2

巧克力淋面
GLAÇAGE AU CHOCOLAT

原料表

黑巧克力（高可可含量）125克
糖粉80克
软化黄油60克

1 巧克力掰成块，放入搅拌碗中。隔着微微沸腾的水，边加热边用木勺搅拌，直到巧克力完全化开。

2 先加入糖粉，再加入黄油。继续加热搅拌至巧克力酱变得均匀、顺滑。缓缓加入5汤匙冷水，轻轻搅拌。关火，冷却至温热。

3 蛋糕放在烤架上，烤架下放一个大餐盘。当巧克力淋面酱冷却至温热时，倒在蛋糕上。

4 用金属刮刀将蛋糕表面和侧壁的巧克力淋面抹匀、抹平。

小贴士 成功制作这款巧克力淋面很重要的一点就是不要过度加热巧克力。还有就是，尽量选用可可含量为70%的黑巧克力。

①

②

③

④

300克巧克力
准备时间：15分钟
制作时间：5分钟

巧克力调温
TEMPÉRAGE DU CHOCOLAT

原料表

巧克力（种类自选）300克

1 如果您使用的不是巧克力豆，那么先将巧克力切成块。

2 将一半巧克力块倒入搅拌碗，隔水加热至化开，但注意水不要沸腾。若使用的是白巧克力，加热至水微微沸腾时，将搅拌碗从水中取出。

3 从水中取出搅拌碗后，加入剩余巧克力块。

4 用打蛋器搅拌至顺滑。新加的巧克力块在搅拌过程中会不断降低巧克力酱的温度，同时使其出现光泽。

小贴士 用于制作巧克力淋面或糖果时，最好选择专用巧克力，这种巧克力与普通巧克力的区别在于：更易操作且淋面酱色泽度更好。

1

2

3

4

红色果酱
COULIS DE FRUITS ROUGES

巧克力酱
SAUCE CHOCOLAT

原料表

混合水果（覆盆子、红醋栗、草莓、蓝莓等）750克
细砂糖80克
柠檬汁50毫升
水100毫升

原料表

可可含量为70%的黑巧克力（或可可含量更高的）200克
黄油30克
牛奶200毫升
淡奶油2汤匙
细砂糖30克

1 水果洗净，和细砂糖、柠檬汁一起倒入搅拌碗中。用搅拌机开始搅拌，先短暂搅拌几次，然后连续搅拌2~3分钟，搅拌至水果酱质地变得细腻、均匀。

2 将搅拌后的果酱倒入漏勺过滤。用刮刀不断按压，以便得到更多的果肉。加入少量水，轻轻搅拌均匀。加水的量可以根据自己想要的果酱浓度来决定。

1 巧克力切成块，倒入搅拌碗中。将搅拌碗放入盛有热水的平底锅中，隔水加热并用木勺轻轻搅拌，直到巧克力完全化开。取出搅拌碗，巧克力酱微微冷却。黄油切成小丁，倒入巧克力酱中，轻轻搅拌至黏稠、顺滑。

2 牛奶倒入小平底锅，加热至沸腾。关火，移开平底锅。将淡奶油和细砂糖倒入沸牛奶中，轻轻搅拌。再次加热平底锅，不断搅拌至牛奶再次沸腾。

3 关火，将热牛奶倒入黄油巧克力酱中，不断搅拌至均匀顺滑。将巧克力酱倒入碗中或瓶中。热巧克力酱可搭配冰激凌或泡芙，放凉后可搭配蛋糕。

小贴士 请选择高可可含量、少糖的巧克力来制作。

焦糖
CARAMEL

咸黄油焦糖
CARAMEL AU BEURRE SALÉ

原料表

细砂糖100克

水3汤匙

原料表

细砂糖100克

水3汤匙

淡奶油150毫升

半盐黄油30克

1 将细砂糖和水倒入深口平底锅，大火加热至沸腾。

2 当焦糖边缘开始变色时，手握锅柄轻轻晃动，使焦糖上色均匀。

1 首先将焦糖熬至微微上色（详见左图步骤）。关火，移开平底锅，加入淡奶油和半盐黄油块（注意防止焦糖喷溅）。

2 再次加热平底锅，大火加热1分钟，其间不断用打蛋器搅拌。

1 2

1 2

小贴士 根据焦糖的用途来决定焦糖的熬制程度。金黄色焦糖适用于装饰；棕色或深色焦糖比较通用，基本上可与所有原料搭配调味或装饰；若需要使用液体焦糖，可在焦糖熬好后，一次性加入适量热水，但注意防止喷溅。

小贴士 可将熬好的焦糖铺在预先烤好的水油酥皮或油酥派皮表面，用于制作柠檬挞或香橙挞。这款焦糖同样适合洋梨挞、苹果挞或菠萝挞，甚至可以作为巧克力甘纳许的底层。

柠檬乳酪酱
LÉMON CURD

原料表

软化黄油50克

有机柠檬2个

鸡蛋2个

细砂糖100克

玉米淀粉1咖啡匙

1 黄油切成小丁。有机柠檬洗净，用刨丝器将柠檬皮刨成细丝，倒入碗中。柠檬按压挤汁，备用。将柠檬皮丝倒入平底锅，加入柠檬汁。

2 鸡蛋打散倒入碗中。加入细砂糖和黄油丁，搅拌均匀。玉米淀粉加1汤匙蛋液，搅拌稀释。最后将两份蛋液全部倒入平底锅。

3 小火加热并持续搅拌，搅拌至质地变黏稠。当柠檬乳酪酱加热至呈慕斯状时，用细漏勺过滤，倒入玻璃瓶中。待完全冷却后，盖上瓶盖。柠檬乳酪酱可至于冰箱冷藏储存15天。

小贴士 这款柠檬乳酪酱不仅可涂在挞皮表面，并添加适量水果，也可搭配布里欧修面包、烤面包片或者海绵蛋糕。

糖渍橙皮
ÉCORCES D'ORANGE CONFITES

原料表

橙子（选皮厚的）6个

细砂糖500克

橙汁100毫升

1 平底锅内倒水，加热至沸腾。切掉橙子两端。用小刀将橙皮自上而下均匀划4刀，顺着划痕将橙皮剥成四片。将橙皮放入沸水，煮1分钟。之后用漏勺捞出橙皮，放入冷水浸泡。

2 将500毫升水、细砂糖和橙汁倒入平底锅，加热至沸腾。加入橙皮，加盖小火煮1小时30分钟。关火，冷却，橙皮在糖浆中浸渍过夜。第二天，将橙皮捞出，置于烤架上沥干。待橙皮放置24小时以上干燥后，放入密封罐储存即可。

小贴士 这款糖渍橙皮适合搭配各种甜品和蛋糕。还可将橙皮切成细丝，倒入细砂糖中，表面均匀裹一层细砂糖。除此之外，还可以在橙皮表面裹一层巧克力酱（详见下页）。

巧克力橙皮或巧克力糖

NAPPER DES ORANGETTES OU DES BONBONS

原料表

水果或糖果（自选）适量
调温巧克力酱300克

1 按照本书第487页的制作步骤，完成调温巧克力酱。将橙皮四分之三浸入巧克力酱，然后拿出沥干。

2 将巧克力橙皮放在烘焙纸或硅胶垫上。

3 用巧克力浸渍叉叉起心形巧克力（预先用冷冻模具制作好的夹心或杏仁巧克力均可）浸入巧克力酱，均匀裹一层。取出沥干，放在烘焙纸上。

4 若想在圆形巧克力上画一些图案，可以使用螺旋巧克力浸渍叉。

1

2

3

4

翻糖面团的上色
COLORER ET ÉTALER LA PÂTE À SUCRE

原料表

白色翻糖面团适量
食用色素粉或色素胶适量
糖粉适量

1 将白色翻糖面团微微擀开，撒上色素粉（或者用刀尖将色素胶轻轻铺在面团上）。

2 卷起面团。

3 用手按压揉面，揉至面团上色均匀（也可以将面团揉成大理石纹路）。

4 案板上撒糖粉，用擀面杖将面团擀开。

①

②

③

④

制作翻糖蛋糕

RECOUVRIR UN GÂTEAU DE PÂTE À SUCRE

原料表

蛋糕坯（根据不同食谱，蛋糕坯已添
加奶油或杏仁酱等）1个
翻糖面团适量
糖粉适量

1 将蛋糕坯放在旋转蛋糕托盘上
（若没有，则放在餐盘上）。用
手将翻糖面团揉至质地柔软，然后在
撒有糖粉的案板上擀开，尽可能擀
薄。将擀开的翻糖盖在蛋糕坯上。

2 用手轻轻先将蛋糕顶部的翻糖
抹平，然后再将蛋糕侧壁的翻
糖贴紧抹平。必要时，可以轻轻拉伸
翻糖面团。

3 用刀划掉蛋糕坯外多余的
翻糖。

4 最后用塑料圆角翻糖抹平器将
蛋糕底部抹平。

烘焙关键词
LES MOTS DE LA PÂTISSERIE

A-B

摆放： 用配有裱花嘴的裱花袋将泡芙面团依次挤在烤盘内。

标记： 在蛋糕上做标记，一方面方便确认装饰物的位置，另一方面对于多层或者多部分组成的蛋糕而言，方便确定每个部分的位置和大小。此外，还可将面粉和蛋清的混合物，用于在面团上或者在餐盘边缘粘贴装饰物。

表面烤至金黄： 用烤箱将食物表面烤至金黄酥脆。

摆盘： 将食物搭配、摆放在餐盘内。

削皮去核： 在不破坏果肉完整性的情况下轻轻削掉果皮。用去核器挖掉苹果果核。

刨丝： 用削皮刀或者刨丝器将柑橘等水果的果皮刨成细丝，可用作香料。

备用： 将配料、混合物或者其他制作好的食物视具体情况，放至温暖处或阴凉处储存备用。为防止被破坏，通常我们会盖一张烘焙纸、铝箔、食物保鲜膜或者厨房织布。

冰镇： 将奶油、液体、水果或者其他食物快速冷却。

C

澄清： 通常是指利用过滤或沉淀的方式来制作糖浆或果冻等。澄清黄油则是将黄油隔水加热，过程中不要搅拌。加热至黄油完全化开，撇去表面的奶泡，滤掉底部的白色乳清，剩下的便是澄清黄油。

戳孔： 用叉子在擀好的面皮表面均匀扎一些小孔，防止面皮在烘烤过程中膨胀。

成形的面团： 本意指的是已经揉好、擀好的千层酥皮。广义上指的是所有已经成形，准备放入烤箱的面团。

D

打发： 用手动或电动打蛋器将蛋清、淡奶油或者其他细砂糖混合物打发。打发过程中由于空气的进入，体积将会增大，质地和颜色也会随之改变。

蛋清霜： 在甜品表面涂一层蛋清霜。也可以只在蛋清中加入细砂糖，打发至慕斯状。

剁碎： 用刀或者搅拌机将食物（杏仁、榛子、开心果、香草、果皮等）剁碎。

定形： 将液体或面糊倒入模具中，使其在烘烤、冷藏或者冷冻过程中定形。

F

发酵面团： 将面粉、泡打粉和水混合揉成面团，然后放置温暖处醒发至体积增大一倍。最后将发酵好的酵母加入剩余面团中混合。

G

擀薄： 用擀面杖将面团压扁擀开。也称为"擀面"。

擀开的面皮： 在撒有面粉的案板上，按照食谱要求，用擀面杖擀成一定形状和一定厚度的面皮。

过滤： 将奶油、糖浆、果冻、果酱等倒入细孔过滤器中过滤，使其质地细腻顺滑。

裹面粉： 将食物裹上一层面粉，在案板上或模具内撒一层面粉。通常我们会在大理石操作台或者案板上先撒一层面粉，再开始揉面或者擀面。

隔水加热： 这种烹饪方式主要有以下几个用途，第一是为了给容器保温，第二是用于融化一些原料（比如巧克力、吉利丁、黄油等），第三是借助沸水的温度缓慢加热一些菜肴。这种加热方式是先将需要加热的原料放在一个容器中，再将这个容器放在另一个盛有沸水的容器中进行加热。

裹糖衣： 将裹了一层杏仁酱的水果或者软糖浸入糖浆中，轻轻翻转裹上一层糖浆。捞出冷却，使其表面形成一层糖衣。

过筛： 将面粉、泡打粉或者细砂糖倒入筛子，过滤结块。有时候一些液体物质也需要过筛。

膏状： 将软化的黄油搅拌成膏状。

H-I

烘烤： 将杏仁片、榛子、开心果等倒入烤盘，放入烤箱低温烘烤。烘烤过程中翻搅几次，烤至表面微微均匀上色。

混合： 将一种原料加入到另一种原料中，然后搅拌混合（比如将面粉和黄油混合在一起）。

和面： 以一定的比例将面粉和水混合。这是制作面团的第一步，之后继续添加其他原料（黄油、蛋液、牛奶等）。用手指将面粉和水充分混合，使面粉吸收足够的水。

火炙： 将预热的调味酒（或者利口酒）浇在热甜品上，然后用火点燃，炙烤表面。

画装饰花纹： 用刀尖在擀好的千层酥皮表面（如酥挞、国王饼等酥皮）轻轻划出花纹，这样有利于面团在烘烤过程更好地膨胀，成品外观也更美观.

J

搅拌： 用手动或电动搅拌器快速搅拌原料。

搅拌均匀： 比如将蛋清搅拌至泡沫状，将奶油搅拌至慕斯状等。

搅拌至发白或烫煮： 用打蛋器将蛋黄和细砂糖混合搅拌至慕斯状。

锯齿花边： 用锯齿刀将水果（柠檬、橙子等）按"V"形切成片。锯齿花边刀可将擀开的面皮切成花边状。使用锯齿形裱花嘴可将面糊挤成不同的花形。

加工： 将糊状或者液体状的多种原料混合搅拌在一起，有时是为了混合成均匀顺滑的糊状，有时是为了改变混合物的质地等。根据原料的不同，使用方法也不同。有的是边加热边进行，有的是加热至一定程度，关火后进行，还有的是置于冰块中进行。使用的工具也是各种各样，比如木制刮刀、手动或电动打蛋器、厨师机、搅拌机，甚至是用手。

镜面： 在过筛后的果酱（杏子、草莓或者覆盆子）中添加凝胶物制作而成。镜面使水果酥挞、巴巴蛋糕、萨瓦兰蛋糕或者其他小甜品表面光泽明亮。

浸泡： 将固态香料放入煮沸的液体中，静置使几种香味相互融合。比如我们将香草荚放入热牛奶中浸泡或者将桂皮放入热红酒中浸泡。

搅打：按照一定的速度对某一原料或混合物进行搅拌，从而改变它的质地、形状或者颜色。比如我们将鸡蛋倒入碗中，用打蛋器搅打至发白起泡。

焦糖：用小火加热细砂糖和水，熬成焦糖。在模具内刷一层焦糖。可用焦糖制作焦糖布丁。还可以制作糖衣水果或者焦糖泡芙。此外还可以将蛋糕表面撒一层糖，放在烤架上，放入烤箱微微烘烤，表面上色即可。

夹心：将奶油或者巧克力等易融原料作为夹心填入泡芙或蛋糕中。

挤汁：用挤压的方式提取果汁、蔬菜汁或者其他食物的水分。通常我们会使用水果压汁器来提取柑橘汁或者柠檬汁。

浸渍：将部分糕点（巴巴蛋糕、饼干等）浸入糖浆、白酒或者利口酒中浸泡片刻，使糕点变得柔软并添加香味。也可参考浇汁。

浇汁：在蛋糕坯（巴巴蛋糕、萨瓦兰蛋糕等）表面浇一层糖浆、白酒或利口酒，一次或者多次进行均可，直到完全覆盖蛋糕坯。

加汁水：有时为了制作果汁或者烹饪某种食物时，需要在其中加入某种液体。这种液体也被称为"汁水"，通常是水、牛奶或者红酒。

搅匀：在奶油（或者其他混合物）冷却过程中，用木制刮刀或者搅拌器进行搅拌，防止冷却过程中因沉淀导致上下质地不同，更主要的是防止冷却过程中表面凝固结皮。此外，还可以加快冷却的速度。

K

抗凝：加热奶油时放入一块黄油，黄油在化开后就会形成一层油脂，可以防止奶油在加热过程中表面凝固结皮。

L

冷藏保鲜：将蛋糕、甜品、水果沙拉或者奶油放入冰箱冷藏，一方面为了保鲜，另一方面冷藏之后口感更佳。

冷藏或冷冻定形：将面团或其他原料放入冰箱冷藏或冷冻定形，使其质地稳定。时间长短视情况而定。

沥干：将准备好的食物（或者配料）放在沥水架、漏勺、漏网或者烤架上，沥干多余水分。

淋面：在热的或者冷的甜品表面浇一层薄薄的果酱或者巧克力酱，使甜品表面色泽明亮、令人垂涎，比如在蛋糕表面淋一层巧克力酱或者糖浆。或者在蛋糕、舒芙蕾刚出炉时撒一层糖粉，利用自身的温度使糖粉微微焦化、富有光泽。还有一种情况是用碎冰快速冷却备好的食物，然后享用。

淋酱：在甜品表面淋一层果酱或者奶油等，尽量铺满甜品表面并且涂抹均匀。制作英式蛋奶酱时需加热至83℃，使蛋奶酱质地变黏稠，达到"黏勺"的状态即可。

M-N

面团膨胀：面团在发酵过程中体积不断膨胀。

浓缩：将液体倒入锅中加热至沸腾，通过蒸发使液体的体积变小。浓缩之后的液体质地更加黏稠，香味也更加浓郁。

碾碎：将一些固体原料（杏仁、榛子等）碾碎，碾成粉状或者膏状。

P

铺底：将擀好的面皮放入模具，按照模具的形状和大小，铺满模具的底部和侧壁。可以事先用压花器将面皮切成与模具等同的面皮，也可以先将面皮铺入模具，贴紧底部和侧壁后，用擀面杖擀掉模具外多余的面皮。

撇沫：撇掉液体或其他原料在烹饪过程中（比如熬糖浆或者果酱时）表面形成的浮沫。通常会用撇渣器、长柄勺或小餐勺。

铺面：在甜品或蛋糕表面满满铺一层预先制作好的酱汁（奶油、杏仁酱或者果酱等），然后将表面抹平。

膨胀：通常是指食物（面团、奶油或蛋糕）在烘烤过程中或发酵过程中体积的增大。

Q

切薄片：将杏仁等沿长边切成薄片。

去核：用工具（去核器）取掉部分水果的果核。

切片：将水果切成圆片或其他形状的片状，偏厚或者偏薄均可，但尽量切成同样的厚度。

去皮：为方便去皮，可先将水果或坚果（杏仁、桃子、开心果等）放入漏勺，浸入沸水中烫几秒钟，然后用小刀轻轻将皮削掉。注意不要削到果肉。

切开：用较为锋利的刀将食物切开。比如将蛋糕切开，更好地展示内部分层。或者将水果切开方便去皮或摆盘。

倾析：将浑浊的液体倾斜放置一定时间，使液体里的杂质沉淀。另一种情况则是，待香料的味道融入混合物中后，将香料本身过滤掉（如香草荚）。

R

揉：用手将原料（油脂物或者面团）揉至柔软、松弛。部分面团需要揉较长时间才能使其中的原料混合均匀。

揉面：用手掌在案板上按压揉搓面团，或者使用厨师机（带和面功能的）将面粉和其他原料均匀混合在一起，揉至面团均匀，但是未出膜。

乳化：将一种液体与另一种不可溶的液体（或物质）混合在一起形成乳液状。比如将蛋黄和化黄油混合搅拌乳化。

融化：用加热的方式使巧克力或其他固态油脂原料变成液体。为了避免液体烧焦，通常使用隔水加热的方式来进行。

融合：将两种或多种不同颜色、不同味道甚至不同形状的原料混合在一起。

S

使变黏稠：在液体、奶油等原料中加入淀粉、蛋黄或淡奶油等混合搅拌，使质地变黏稠。

松弛：通过添加液体或者其他合适的原料（比如牛奶、蛋液等）使面团变得柔软。

丝带状：将蛋黄和细砂糖混合，无论是加热的方式还是打发的方式，混合成均匀顺滑的糊状，用刮刀或者搅拌器搅拌时形成明显纹路，舀起从高处倒下时形成不间断的丝带状（比如制作海绵蛋糕的蛋糕糊便可形成丝带状）。

沙粒状：制作油酥面团时，将面粉和其他原料混合至沙粒状。

上色： 用刷子在面团表面刷一层蛋液，通常情况下蛋液会加少量水或者牛奶稀释，这样上色效果会更好。

塑形： 将面团或者其他食物做成特定的形状。

上油： 在烤盘或者模具内涂一层油防止粘壁。也可以用来指杏仁酱或者果仁杏仁糖光亮油润的表面。

T

涂层： 涂抹模具内壁和/或底部，有的是为了防止粘壁和方便脱模，所以预先在模内涂一层东西，有的则本身就是餐品必不可少的一部分原料（比如制作冰激凌炸弹时，我们需要预先在容器内铺一层冰）。通常我们会在模具内铺一层烘焙纸，方便脱模。

脱模： 将甜品从模具中取出。

涂抹黄油： 在混合物中添加黄油，或者用刷子在模具、慕斯圈、烤盘内涂一层化黄油或软化的黄油，防止蛋糕在烘烤过程中粘在模具底部和侧壁上。

脱水： 用小火加热的方法来减少食物的水分。通常情况下，这个词特指制作泡芙面团（将水、黄油、面粉、盐和细砂糖混合均匀，大火加热并用木勺快速搅拌，直到面糊开始粘壁。可在加入蛋液之前，蒸发掉面糊内多余水分）。

调味： 在混合物中添加香料（比如利口酒、咖啡、巧克力、玫瑰水等）。

涂油： 在烤盘、慕斯圈或蛋糕模内涂一层油，一方面防止蛋糕在烘烤过程中粘壁，另一方面为了方便脱模。

W

挖洞： 将面粉倒在大理石台面或者案板上，用手指在面粉堆中心挖个洞，然后倒入其他原料，开始和面。

微微沸腾： 对于液体而言，通常指的是加热至微微沸腾。

X

醒发： 面团在发酵过程中体积增大一倍。

旋转面团： 在制作千层酥皮时，需要将折叠好的面团旋转一定角度（一次或者两次），然后再擀开。

Y

预烤面皮： 通常是指预先单独烘烤面皮。一般来讲，如果配料或夹心所需烘烤时间很短或者是熟食又或者本身不需要烘烤（比如部分水果）时，我们需要单独将面皮进行烘烤。还有一种情况下，面皮也是需要预先单独烘烤的：如果夹心不是干料时，如不预先烘烤面皮，两者很容易混在一起。这种情况下，我们通常会在面皮上刷一层蛋液，然后放入烤箱先烤3~5分钟。

压花： 用压花器或者用刀将擀好的面皮切成想要的形状。

釉面： 通过在表面涂一层原料使食物表面变得光亮。对于热餐来说，通常用刷子在表面刷一层澄清黄油。对于冷餐来说，通常用预先做好的果冻来实现。也有一些甜品表面会裹一层果胶或淋面。

油炸或油煎： 将食物放入高温的油中炸或煎，有时候作为烹饪的最后一个步骤。通常这种需要油炸或油煎的食物表面都裹了一层面粉，比如甜甜圈、可丽饼或者泡芙等，油炸或油煎之后食物表面会变得金黄、酥脆。

Z

煮： 将水果放入适量液体（水或糖浆）中小火煮，保持液体微微沸腾即可。

做标记： 为了记录面团发酵次数，每次发酵前在面团上做标记，直到完成发酵。

暂停发酵： 当面团发酵到一定程度时，将面团重新放回案板进行揉面、反复折叠，然后继续进行发酵。通常需要进行两次这样的操作，这样可以促使面团内部更好地发酵。

增添香味： 在不破坏食物原本味道的情况下，添加与之搭配的香料、香精、红酒或者白酒等，使食物更具风味。

食谱索引1（按主要原料字母排序）
INDEX PAR INGRÉDIENT 1

503

食谱索引2（按甜品名称字母排序）
INDEX ALPHABÉTIGUE 2

G

I-K

L

M

容量重量对照表

CAPACITÉS ET CONTSNANCES

容量		重量
1咖啡匙	0.5毫升	3克淀粉/5克细盐或细砂糖
1甜品匙	1毫升	
1汤匙	1.5毫升	5克奶酪丝/8克可可粉、咖啡或巧克力碎/12克面粉、大米、小麦粉、鲜奶油或食用油/15克细盐、细砂糖或黄油
1咖啡杯	10毫升	
1茶杯	12～15毫升	
1小碗	35毫升	225克面粉/260克可可粉或葡萄干/300克大米/320克细砂糖
1杯（利口酒杯）	2.5～3毫升	
1杯（波尔多红酒杯）	10～12毫升	
1大杯（水杯）	25毫升	150克面粉/170克可可粉/190克小麦粉/200克大米/220克细砂糖
1瓶（酒瓶）	75毫升	

出版发行人：

伊莎贝尔·热志·梅纳（Isabelle Jeuge-Maynart）

吉思兰·史朵哈（Ghislaine Stora）

责任编辑：

艾米莉·弗朗（Émilie Franc）

编辑：

克莱尔·罗约（Claire Royo）及助手伊娃·罗什（Ewa Lochet）、莫德·罗杰斯（Maud Rogers）

封面及平面设计：

奥罗尔·艾丽（Aurore Élie）

排版：

艾米莉·罗德林（Émilie Laudrin）、J2Graph

责任印刷：

艾米莉·拉杜尔（Émilie Latour）

图书在版编目（CIP）数据

法国经典甜品宝典 / 法国拉鲁斯出版社编；郝文译
. — 北京：中国轻工业出版社，2022.8
ISBN 978-7-5184-3881-5

Ⅰ.①法… Ⅱ.①法… ②郝… Ⅲ.①烘焙
Ⅳ.①TS205

中国版本图书馆CIP数据核字（2022）第025749号

责任编辑：卢　晶　　责任终审：高惠京　　整体设计：锋尚设计
策划编辑：卢　晶　　责任校对：朱燕春　　责任监印：张京华

出版发行：中国轻工业出版社（北京东长安街6号，邮编：100740）

印　　刷：鸿博昊天科技有限公司

经　　销：各地新华书店

版　　次：2022年8月第1版第1次印刷

开　　本：787×1092　1/20　印张：25.8

字　　数：500千字

书　　号：ISBN 978-7-5184-3881-5　定价：238.00元

邮购电话：010-65241695

发行电话：010-85119835　传真：85113293

网　　址：http://www.chlip.com.cn

Email：club@chlip.com.cn

如发现图书残缺请与我社邮购联系调换

200438S1X101ZYW